AI智能体开发与应用一本通

架构原理+RAG实战+商业落地

宫祺 著

化学工业出版社
·北京·

内容简介

《AI智能体开发与应用一本通：架构原理＋RAG实战＋商业落地》围绕AI智能体开发与应用展开，从多个层面为读者提供详尽的知识与实践指导。

第1章和第2章点明AI智能体开发面临的关键问题，如模型交互局限、数据处理瓶颈等，阐述相关技术原理与开发要点，包括智能体架构设计、算法优化等，让读者明晰底层逻辑。第3章到第8章精心设计了80个智能体开发实战案例，涵盖文学创作、日常办公、自媒体创作、商业服务等多个领域。每个案例都详细介绍应用背景、需求分析、开发步骤与实现效果，从理论到实践进行全流程拆解。

本书不仅适用于AI开发者，对借助AI提升业务效率的企业决策者与各行业从业者，同样具有参考价值，能助力其快速掌握AI智能体从开发到落地应用的关键技能与方法。

图书在版编目（CIP）数据

AI智能体开发与应用一本通 ： 架构原理+RAG实战+商业落地 / 宫祺著. -- 北京 ： 化学工业出版社， 2026. 1. -- ISBN 978-7-122-49760-4

Ⅰ. TP18

中国国家版本馆CIP数据核字第2026C75H30号

责任编辑：刘晓婷　　　　责任校对：张茜越

出版发行：化学工业出版社

（北京市东城区青年湖南街13号　邮政编码100011）

印　　装：大厂回族自治县聚鑫印刷有限责任公司

710mm×1000mm　1/16　印张11½　字数300千字　　2026年4月北京第1版第1次印刷

购书咨询：010-64518888　　　　售后服务：010-64518899

网　　址：http://www.cip.com.cn

凡购买本书，如有缺损质量问题，本社销售中心负责调换。

定　　价：69.00元

前 言

在人工智能技术飞速发展的当下，AI 智能体正逐步突破传统程序的局限，从概念走向实际应用，渗透到文学创作、日常办公、自媒体运营、商业服务等多个领域。然而，在这一进程中，开发者与实践者常面临诸多挑战：对智能体的核心架构与工作原理理解不深，难以规划合理的业务流程与工作流；对开发平台、插件、知识库等关键要素掌握不足，导致智能体开发效率低下、功能难以满足实际需求；缺乏将智能体技术与具体场景结合的实战经验，无法充分发挥其价值。这些问题成为阻碍 AI 智能体广泛落地的关键因素。

为帮助读者攻克这些难题，《AI 智能体开发与应用一本通：架构原理 + RAG 实战 + 商业落地》应运而生。本书以“理论 + 实战”为核心思路，既注重夯实读者的理论基础，又通过丰富的案例助力读者将理论知识转化为实践能力。

开篇第 1 章，从“认识智能体”入手，系统解析 AI Agent 的核心能力以及与传统程序的区别、核心架构、分类及价值，深入讲解其工作原理，包括五层技术架构、核心组件与功能、BDI 与 REWOO 等经典架构模型，同时介绍主流的 Agent 开发平台以及 MCP（模型上下文协议）的技术架构、通信过程与相关开发工具，为读者搭建起完整的理论框架，让大家明晰智能体的本质与技术基石。

第 2 章聚焦“搭建智能体必备知识”，从业务流程规划、工作流拆解原则与步骤，到完整的开发流程（需求分析与确认、方案设计、平台搭建、测试与优化、部署与运维），再到插件、工作流、图像流、知识库、变量、数据库等关键要素的解析，全方位教授开发智能体所需的基础技能，帮助读者避开常见误区，为后续实战打下坚实基础。

第 3 ～ 8 章，精心设计了 80 个贴合实际需求的实战案例，涵盖六大核心领域。在文学创作领域，有诗歌、小说、短剧脚本等创作类智能体；日常办公领域，有会议记录生成、工作汇报撰写、合同审查等实用智能体；自媒体创作领域，包含账号定位、爆款标题撰写、治愈短视频制作等助力运营的智能体；商业服务领域，提供智能客服、品牌策划、用户画像生成等服务类智能体；学习教育领域，打造论文选题、教案设计、个性化学习路径规划等教育类智能体；生活与娱乐助手领域，则有旅行规划、穿搭建议、心理健康评估等贴近生活的智能体。每个案例均围绕具体场景展开，详细呈现开发思路与实现过程，让读者能快速上手，将智能体技术应用到实际工作与生活中。

无论你是 AI 领域的初学者，渴望系统掌握智能体开发知识；还是有一定经验的开发者，希望提升实战能力、拓展应用场景；抑或是各行业从业者，期待借助智能体技术提高工作效率、创新服务模式，本书都能为你提供有力支持。我们相信，通过本书的学习，你不仅能掌握 AI 智能体开发与应用的核心技能，更能抓住智能时代的发展机遇，用技术赋能自身与行业发展。

目录

第 1 章

认识智能体

智能体是人工智能技术的核心模块，具备环境感知、决策和任务执行三项关键能力。它通过传感器等采集信息，利用算法分析并规划实现目标的路径，最后执行具体操作。智能体广泛应用于消费和产业领域，如聊天助手、工业自动化系统等，旨在减少人工干预，提高效率和精度，成为技术进步的重要支撑。

本章将系统介绍智能体技术，包括其定义、工作原理、开发平台的对比，以及多模态计算技术，旨在为智能体技术实践提供理论和工具支持。

1

1.1 什么是Agent

人工智能代理（AI Agent，简称 Agent）是指能够在特定环境中自主感知环境信息，通过内置的算法和模型进行推理决策，并执行相应指令以实现预设目标的智能实体。它就像一个拥有“思维”和“行动力”的智能助手，能够在无须人类持续干预的情况下，独立完成一系列复杂的任务。

1. AI Agent 的核心能力

AI Agent 的核心能力有五个，包括自主思考（Reasoning）、任务拆解（Task Planning）、工具调用（Tool Use）、记忆存储（Memory）、反馈循环（Loop）。

自主思考：基于上下文，判断下一步的行动。

任务拆解：将复杂目标拆解成可执行的子任务。

工具调用：调用搜索引擎、数据库、API、Python 环境等。

记忆存储：记住中间状态、上下文、执行历史。

反馈循环：根据结果判断是否成功，决定是否修正路径。

2. AI Agent 与传统程序的主要区别

AI Agent 与传统程序的主要区别在于决策、执行、适应性、交互这四个方面。

项目	AI Agent	传统程序
决策	智能决策	预设规则
执行	主动执行	被动执行
适应性	具备学习和适应能力	缺乏适应性
交互	能够与环境交互	有限交互

3. AI Agent 的核心架构

AI Agent 的架构通常由六个核心组件构成，分别是感知系统（Perception）、知识库（Knowledge Base）、推理引擎（Reasoning Engine）、决策系统（Decision Making）、执行模块（Action Execution）、学习机制（Learning Mechanism）。

感知系统：负责从环境中收集信息，包括视觉、听觉等多种感知模式。

知识库：存储 Agent 的领域知识、经验和记忆。

推理引擎：分析信息并做出逻辑推理。

决策系统：基于推理结果和目标制订行动计划。

执行模块：将决策转化为具体行动。

学习机制：从交互和反馈中学习，优化未来行为。

4. 智能体的分类

智能体可以根据其功能和应用场景分为多种类型。

根据功能可分为感知型、决策型、执行型和综合型。感知型智能体主要负责环境信息的采集和处理；决策型智能体则根据环境信息做出决策；执行型智能体负责执行决策结果；而综合型智能体集感知、决策和执行功能于一体。

按应用场景划分，智能体包括服务型、生产型、管理型和学习型。服务型智能体如客服智能体、个人助手等，致力于提供服务；生产型智能体多见于工业自动化领域；管理型智能体在企业资源管理中发挥关键作用；学习型智能体则常见于教育领域，辅助教学活动。

5. 智能体的价值

智能体的价值主要体现在四个方面：提高效率、降低错误率、提供个性化服务、促进创新。

提高效率：智能体可以自动处理重复性工作，提高工作效率。

降低错误率：通过精确的计算和判断，降低人为操作带来的错误。

提供个性化服务：根据用户需求和习惯，提供定制化服务。

促进创新：通过自动化和智能化，释放人类创造力，促进创新。

1.2 Agent的工作原理

AI Agent 的工作遵循一个基本的循环模式，通常被描述为 PEAS（Performance，性能；Environment，环境；Actuators，执行器；Sensors，传感器）模型，即感知—思考—行动循环（Sense-Think-Act Loop）的循环模式。在一个完整的 AI Agent 系统中，通常包括以下关键模块。

1. 五层技术架构

AI Agent 的五层技术架构包括用户界面层、协调层、AI 智能体核心系统、平台层、基础设施层。

用户界面层：与用户或其他系统的交互界面。

协调层：任务管理、工作流管理和 AI 智能体评估。

AI 智能体核心系统：包括大语言模型（LLM）、知识库（RAG）、工作流和提示词系统。

平台层：包括模型平台、向量数据库、任务队列、文件存储和监控系统。

基础设施层：计算资源、存储资源和网络资源。

2. 核心组件与功能

一个完整的 AI Agent 通常由记忆模块、工具模块、规划模块、行动模块、交互模块五个模块共同组成。

记忆模块：负责存储和管理任务相关信息，包括短期记忆和长期记忆。

工具模块：赋予 AI Agent 实际的执行能力，通过调用外部工具完成任务。

规划模块：将用户输入的需求拆解为可执行的具体任务。

行动模块：直接负责任务的执行，将规划模块生成的目标转化为具体操作。

交互模块：实现多个智能体之间的信息共享与协作。

3. BDI 架构模型

BDI（Belief-Desire-Intention，简称 BDI）架构是一种基于认知科学的智能体架构，它将智能体的决策过程建模为信念（Belief）、愿望（Desire）和意图（Intention）三个核心组件。

信念模块：通过环境感知组件获取数据，进行状态表示和更新。

愿望模块：定义智能体的目标，根据当前信念状态生成愿望。

意图模块：从多个愿望中选择意图，并生成相应的行动计划。

4. REWOO 架构

REWOO 架构主要包括三个部分，分别是 Planner（规划器）、Worker（执行器）、Solver（合并器）。

Planner：负责将任务分解并制定包含多个相互关联计划的蓝图。

Worker：根据规划器提供的蓝图，使用外部工具获取更多证据。

Solver：将所有计划和证据整合起来，形成最终解决方案。

5. 工作流设计

通常 AI Agent 的工作流设计包括节点设计、流程设计、动态调整三方面。

节点设计：主要包括大模型节点、选择器节点、数据库节点等。

流程设计：通过连接不同节点形成完整的任务执行流程。

动态调整：能够适应不同的需求变化。

1.3 认识Agent开发平台

随着人工智能技术的快速发展，各大科技公司纷纷推出了自己的 AI Agent 开发平台，为开发者提供了便捷的工具和环境。以下是一些主流的 AI Agent 开发平台。

Tips

在选择智能体开发平台时，需要考虑以下几个因素：

- 功能覆盖：根据项目需求选择功能覆盖全面的平台。
- 易用性：根据开发团队的技术水平选择易用性高的平台。
- 集成能力：考虑平台与其他系统的集成能力。
- 社区支持：选择有活跃社区支持的平台，方便获取帮助和学习资源。
- 成本：考虑平台的使用成本和维护成本。

1. Coze（扣子）AI Agent 开发平台

字节跳动推出的 Coze（扣子）是一站式 AI Agent 开发平台，旨在通过零代码或低代码方式，让用户快速搭建和部署基于 AI 大模型的智能体应用，其主页如图 1.3-1 所示。

图1.3-1

它具备四大核心功能：智能体，通过对话实现自动化业务流程；工作流，可视化编排多步骤任务；插件，扩展功能连接外部服务；知识库，存储私有数据以提升回答的准确性。

Coze（扣子）提供强大的技术优势，如零代码开发、丰富的插件生态、多平台部署、隐私保护和长期记忆功能，支持企业客服自动化、内容创作、教育辅导、个人助理等多种应用场景。2025 年 8 月，Coze（扣子）正式开源，采用 Apache 2.0 协议，允许免费商用。无论是个人用户还是企业开发者，都可以利用 Coze（扣子）快速实现 AI 应用的开发和部署，满足个性化需求并创造商业价值。

2. 元器 AI Agent 开发平台

腾讯元器是基于腾讯混元大模型的一站式智能体创作与分发平台，支持低代码开发，用户可通过提示词设定、插件和工作流快速创建智能体，无须复杂编程。平台提供智能体商店，涵盖客服、教育、娱乐等多场景智能体，还支持全域分发至 QQ、微信客服等渠道。其主页如图 1.3-2 所示。

图1.3-2

其图形化工作流界面让逻辑编排更直观，同时集成腾讯生态资源，如微信支付、企业微信 CRM 等，实现商业闭环。此外，元器支持多模型策略，提供企业级 API/SDK，满足复杂任务需求，适合中大型企业和开发者团队使用。

3. 讯飞星辰 AI Agent 开发平台

讯飞星辰 Agent 是科大讯飞推出的新一代智能体开发平台，基于讯飞星火大模型及多年的 AI 技术积累，定位为一站式 AI 智能体深度开发与定制平台，其主页如图 1.3-3 所示。

图1.3-3

它支持指令型、工作流和自主 Agent 的开发，具备全生态模型兼容、丰富的 MCP Server 资源以及零代码、低代码开发模式，即使无编程基础的开发者也能快速构建智能体。平台还提供多模型 Prompt 对比调优、全链路测评工具等，助力开发者精准匹配场景需求并优化智能体性能。

在应用场景上，讯飞星辰 Agent 广泛适用于办公场景中的智能助手、内容创作中的辅助生成、客服场景中的自动问答等，能有效提升效率和服务质量，是开发者构建生产级智能体的得力助手。

4. BetterYeah AI Agent 开发平台

BetterYeah AI Agent 平台是由前钉钉副总裁张毅创立的国内领先的企业级 AI 智能体开发平台。该平台支持零代码开发智能体，内置多模态大模型及 RAG 检索增强生成技术，可实现文本、图像、语音分析，深度解析知识文件，满足客服、营销等场景需求。平台还配备了低代码工作流编排工具，助力复杂业务流程自动化。其核心功能包括全渠道 AI 客服，能自动解析知识库生成精准回答；多模态数据处理，可自动提取商品参数与生成工单；智能工作流引擎，支持 API 与内部系统无缝对接，自动触发流程。其主页面如图 1.3-4 所示。

此外，平台承诺数据安全，对静态数据加密，传输数据采用 TLS 加密，已服务联想、百丽等近 10 万家企业团队，助力企业低成本、高效率地实现智能化转型。

图1.3-4

5. 智谱清流 AI Agent 开发平台

智谱清流是智谱 AI 推出的企业级智能体开发平台，具备零代码、可视化的优势，支持多模态处理与多种集成方式。它内含智能体配置、工作流管理、知识管理等功能模块，能够满足企业在不同业务场景下的需求，如客户服务、业务流程自动化、知识管理等。智谱清流还提供开箱即用的智能体模板、全程陪跑服务及效果调优等功能，助力企业高效开发和部署智能体，推动智能化升级，其主页面如图 1.3-5 所示。

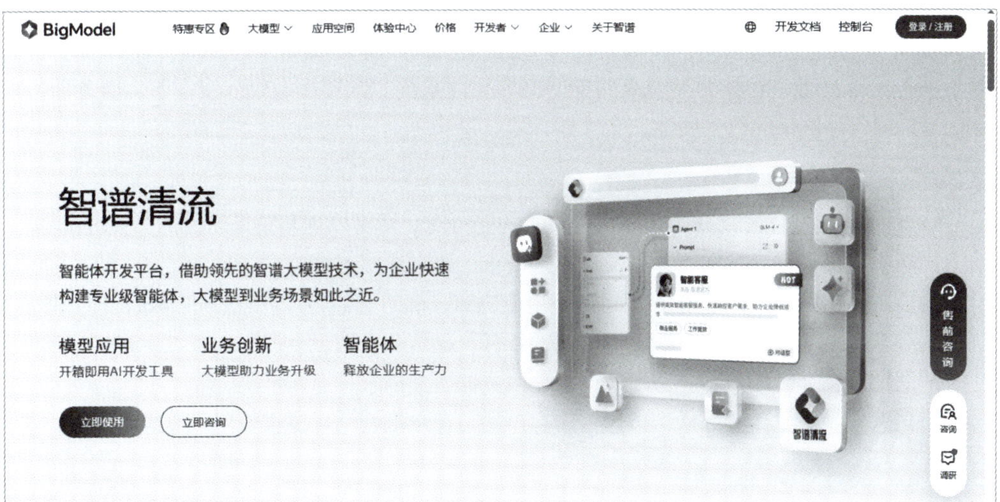

图1.3-5

Tips

对于智能体开发的初学者，以下是一些建议：

- 从简单项目开始：先从简单的项目开始，逐步积累经验。
- 学习平台文档：认真阅读平台提供的文档和教程。

- 利用模板：利用平台提供的模板快速搭建基础框架。
- 参与社区交流：积极参与社区交流，向有经验的开发者学习。
- 持续学习：持续学习人工智能和智能体开发的新技术和新方法。

1.4 什么是MCP

MCP 是“Model Context Protocol”的缩写，即模型上下文协议。它旨在统一大型语言模型（LLM）与外部数据源和工具之间的通信协议，解决当前 AI 模型因数据孤岛限制而无法充分发挥潜力的难题。MCP 使得 AI 应用能够安全地访问和操作本地及远程数据，为 AI 应用提供了连接万物的接口。

MCP 可以被视为 AI 应用程序的“USB-C 端口”。就像 USB-C 端口可以使用一个通用接口连接不同的设备一样，MCP 可以让 AI 模型轻松连接到各种数据源和工具，而无须为每个连接编写自定义代码。

1. MCP 的技术架构

MCP 采用客户端—服务器架构，主要包含 MCP 主机（Hosts）、MCP 客户端（MCP Client）、MCP 服务器（MCP Server）三个核心组件。

MCP 主机：如 Claude 桌面或 Cursor 等 AI 应用，提供 AI 交互环境，运行 MCP 客户端。

MCP 客户端：在主机内运行，负责与 MCP 服务器通信。它是 AI 助手与 MCP 服务器之间的通信桥梁，负责将用户请求转换为 MCP 服务器可识别的标准化 API 调用，并返回结果。

MCP 服务器：轻量级程序，暴露特定的功能（如工具、资源和提示），并提供对数据源的访问。每个服务器专注于一种资源类型或功能，例如文件系统、数据库、Web 搜索等。服务器的模块化设计确保了协议的可扩展性。

2. MCP 的通信过程

MCP 的通信过程可以分为初始化连接、功能协商、请求处理和结果返回四个关键步骤。

初始化连接：客户端向服务器发送连接请求，建立通信通道。

功能协商：客户端和服务器之间进行功能协商，确定它们可以相互提供哪些功能和服务。例如，一个天气 API 服务器可能提供可用的工具、提示和资源。

请求处理：客户端向服务器发送请求，服务器处理请求并返回结果。

结果返回：服务器将处理结果返回给客户端，客户端将结果提供给用户或应用程序。

3. MCP 的核心理念与特点

MCP 的设计围绕标准化接口、客户端—服务器架构、安全与扩展性三大核心理念。

标准化接口：用单一协议取代碎片化集成，降低开发成本。

客户端—服务器架构：包含 MCP 主机、客户端、服务器三层结构，支持动态发现工具和双向实时通信。

安全与扩展性：采用加密通信、细粒度权限控制，同时支持插件化扩展新功能模块。

由这三大核心特点构成的 MCP 具备的核心特点是高效性、灵活性和模块化。

特点	释义
高效性	一次开发即可对接多种服务（如同时连接 GitHub 和数据库）
灵活性	支持本地资源（文件系统）与远程服务（云 API）混合调用
模块化	开发者可自由组合工具服务器，构建复杂功能链

4. MCP 的工作原理

MCP 通过客户端—服务器模型实现交互，分为请求阶段、处理阶段和响应阶段。

请求阶段：AI 应用客户端发送标准化请求，通过 JSON-RPC 或 gRPC 协议传输。

处理阶段：MCP 服务器解析请求，调用对应资源或工具，并返回结构化数据。

响应阶段：AI 模型整合结果并生成响应，并保持上下文连贯性以支持多轮任务。

例如，用户让 AI 助手订机票时，MCP 自动联动日历、支付接口和邮件系统，无须人工干预。日历在这里就是资源；支付接口在这里就是工具；邮件系统在这里就是服务。

1.5 支持MCP的开发平台

随着 MCP 协议的普及，越来越多的 AI Agent 开发平台开始支持这一标准。以下是一些主要支持 MCP 的开发平台。

1. 集成开发工具

在现代开发环境中，集成工具与 MCP 协议的结合，为开发者提供了高效协作的解决方案。Cursor、Claude Desktop、Windsurf 作为支持 MCP 协议的代码编辑器，通过强大的插件系统，整合了从单元测试生成到外部 API 调用的多功能开发场景，成为智能开发的得力助手。

（1）Cursor

支持 MCP 协议的代码编辑器，通过插件系统可集成 Chrome DevTools、数据库查询等工具。例如，开发者可在编写代码时直接调用 AI 助手生成单元测试，并通过 MCP 服务器接入外部 API。

（2）Claude Desktop

Anthropic 官方推出的 MCP 客户端，支持本地文件操作和 API 调用。用户可通过自然语言指令让 AI 保存文件到指定目录，或连接 Web3 钱包进行资产管理。

（3）Windsurf

轻量级 AI 代码编辑器，结合高德地图 MCP Server 可快速生成地理数据可视化方案。例如，输入“生成重庆渝北区热门商圈的旅游攻略”，即可自动调用地图工具获取数据并生成网页。

2. 多智能体协作平台

也有一些平台支持多个智能体协作，如 AgentMesh、AgentScope、百度智能云千帆，它们立足国内产业生态，凭借丰富的接口适配能力，为开发者提供便捷的大模型应用开发体验，推动多智能体协作在不同领域绽放光彩。

（1）AgentMesh

开源多智能体框架，支持通过 MCP 协议接入外部工具，实现异构智能体协同。例如，一个负责数据分析的智能体可调用 MCP 服务器中的 SQL 查询工具，另一个智能体则调用图像生成工具生成可视化图表。

（2）AgentScope

阿里开源的低代码平台，提供拖拽式界面和自动提示优化，支持将本地工具封装为 MCP 服务器。例如，企业可通过该平台快速搭建客服智能体，调用内部知识库和工单系统。

（3）百度智能云千帆 AppBuilder

国内首个兼容 MCP 的大模型应用开发平台，支持将自有组件转化为 MCP Server，并接入开源生态中的海量工具。例如，开发者可将文本翻译功能封装为 MCP 工具，供其他 AI 助手调用。

Tips

使用 MCP 的优势：

标准化通信：统一消息格式与接口，降低跨系统集成成本。

模块化扩展：支持灵活添加新 Agent 或功能模块。

实时性与可靠性：保障低延迟、高吞吐量的通信能力。

降低开发门槛：使开发者能够以更低的技术门槛构建复杂的智能体系统。

提高开发效率：通过标准化接口，减少重复代码的编写，提高效率。

第2章

搭建智能体必备知识

搭建智能体是一场充满挑战与惊喜的技术探险，它要求开发者以严谨的思维规划蓝图，以巧妙的智慧拆解任务，以熟练的技艺配置工具，最终打造出能精准实现目标的智能体。本章将化身为得力向导，以开发智能体为例，全程陪伴读者探索智能体开发的必备知识。从梳理业务流程的脉络开始，逐步深入工作流与插件的核心技术，再精心构建驱动智能体运转的知识库，巧妙运用变量、数据库等工具为其赋能，使其成为解决复杂问题的得力助手。

2

2.1 规划Agent所需的业务流程知识

要搭建能真正解决问题的 Agent，首先需明确其对应的“业务流程知识”——即 Agent 所服务场景的实际业务逻辑、环节流转规则与核心目标。这一步是 Agent“有用”的前提，若脱离业务流程，Agent 可能出现“答非所问”“动作错位”的情况。以“智能客服 Agent（处理快递查询）”为例，存在本应触发“退款流程”却启动“换货操作”等问题。

1. 规划业务流程的四个核心维度

规划业务流程需聚焦四个核心维度。首先，需要明确 Agent 的业务目标；其次，梳理完整的业务场景与触发条件；再次，明确各场景的业务规则与流转逻辑；最后，明确业务依赖与资源限制。

（1）明确 Agent 的业务目标

先确定“Agent 要解决什么业务问题”。“电商售后 Agent”的目标是“处理用户售后申请，降低人工客服压力”，“工厂设备巡检 Agent”的目标是“实时监测设备状态，提前预警故障”。目标决定了业务流程的范围——无须覆盖与目标无关的环节。如电商售后 Agent 无须关注商品上架流程。

（2）梳理完整的业务场景与触发条件

列出 Agent 可能遇到的所有业务场景，即“用户 / 环境会提出什么需求”，以及每个场景的触发条件。例如，售后 Agent 的场景包括“用户申请退款”“用户投诉商品质量”“用户咨询售后进度”等，触发条件如“用户发送‘退款’关键词”“用户上传商品破损照片”。需注意场景的完整性，避免遗漏，如忽略“用户取消售后申请”的场景，可能导致 Agent 持续跟进无效任务。

（3）明确各场景的业务规则与流转逻辑

每个场景下，业务如何推进？有哪些固定规则？比如在“用户申请退款”场景中，规则可能是“订单未发货→直接退款，订单已发货→需用户上传物流单号→审核后退款”，流转逻辑是“用户提交申请→ Agent 校验订单状态→执行对应操作→反馈结果”。需标注规则的“例外情况”，如“订单已发货但超 7 天无物流→直接退款”，避免 Agent 陷入“规则盲区”。

（4）明确业务依赖与资源限制

Agent 的动作可能依赖其他系统或资源，需提前明确。例如，电商售后 Agent“查询订单状态”需依赖“电商订单数据库”，“发起退款”需调用“支付系统 API”，资源限制可能是“退款操作每日上限 1000 单”“人工审核需在 2 小时内响应 Agent 的二次请求”。这些依赖直接影响后续 Agent 的技术选型。

2. 处理快递查询智能客服 Agent 业务流程示例

以“智能客服 Agent（处理快递查询）”为例，其业务流程知识梳理示例如下。

业务目标	快速响应用户快递物流查询需求，无须人工介入。
核心场景	用户发送“快递到哪了”“查物流”“订单 ××× 的快递”。
触发条件	用户输入含“快递”“物流”“订单号”的文本。
业务规则	用户提供订单号→ Agent 调用物流 API 查询→返回物流信息；用户未提供订单号→ Agent 反问“请提供您的订单号”；物流 API 查询失败→ Agent 反馈“暂时无法查询，请稍后重试”。
依赖	需对接电商订单系统（验证订单号有效性）、第三方物流 API（获取物流数据）。

2.2 如何拆解工作流

工作流是“Agent 完成某类任务的步骤链条”——将 2.1 节中梳理的业务流程转化为可执行的“动作步骤”，就是工作流拆解。拆解的核心是“把模糊的业务逻辑变成清晰、可落地的步骤”，让 Agent 能按顺序执行。

1. 拆解工作流的原则

拆解工作流需遵循两个原则，即 MECE 原则和颗粒度适配原则。

（1）MECE 原则（相互独立，完全穷尽）

MECE 原则是“Mutually Exclusive Collectively Exhaustive”的缩写，意思是“相互独立，完全穷尽”。对于工作流来说，每个步骤不重复、不遗漏，每个步骤只负责一件具体事项。

（2）颗粒度适配原则

步骤粗细需匹配 Agent 的执行能力。以“电商售后 Agent”为例，颗粒度太粗时，会导致 Agent 无法落地，如“处理退款”作为单个步骤；颗粒度太细时会增加流程复杂度，如“用户输入文字→ Agent 识别文字→ Agent 提取关键词→ Agent 判断关键词是否为‘退款’”拆成四个步骤。

2. 拆分工作流的四个步骤

基于拆解工作流的原则，可以将具体拆解步骤分为四步，分别是确定工作流的“起点”与“终点”、拆分核心环节、细化子步骤、明确步骤间的“流转条件”与“分支”。

（1）确定工作流的“起点”与“终点”

起点是“触发工作流的条件”，终点是“任务完成的标志”。明确起点、终点可避免流程“无边界”。以“电商售后 Agent”为例，起点为“用户提交退款申请”，终点为“用户收到退款通知”。

（2）拆分核心环节——一级步骤

按业务流程的自然顺序，将从起点到终点的过程拆分为几个“大环节”。以“电商售后 Agent”为例，“用户退款申请处理”工作流的一级步骤：校验用户申请信息→判断订单状态→执行对应退款操作→反馈结果给用户。

（3）细化子步骤——二级 / 三级步骤

对每个一级步骤进一步拆分，直到“每个子步骤可对应 Agent 的一个具体动作”。以“电商售后 Agent”为例，“校验用户申请信息”可拆为：提取用户申请中的订单号→调用订单系统接口查询订单是否存在→判断订单是否已过售后有效期→若信息无效，反馈“申请失败及原因”；若有效，进入下一环节。

（4）明确步骤间的“流转条件”与“分支”

多数工作流并非线性执行，需根据情况跳转分支。需标注“满足什么条件走 A 分支，满足什么条件走 B 分支”。以“电商售后 Agent”为例，“判断订单状态”步骤的流转条件：“若订单未发货→走‘直接退款’分支，其步骤为：调用支付系统发起退款→记录退款状态；若订单已发货→走‘审核物流’分支，其步骤为：提示用户上传退货物流单号→校验物流单号→确认收货后退款”。

3. 常见拆解误区及避坑

常见拆解误区有两个，一个是忽略了失败场景，一个是拆解出 Agent 无法执行的步骤。

（1）忽略“异常分支”

只拆正常流程，漏了“失败场景”，以“电商售后 Agent”为例，可能会出现“调用 API 超时”“用户未回复”等情况，需补充异常处理步骤。如“API 超时→重试两次→仍失败则反馈用户‘暂时无法处理’”。

（2）步骤与 Agent 能力脱节

拆解出“Agent 无法执行的步骤”，如“判断商品质量是否合格”，若 Agent 无图像识别能力，需调整为“引导用户上传质检报告→调用人工审核”。

4. 工作流拆解示例

这里以“电商售后 Agent 退款工作流”（简化版）为例，展示工作流拆解。

起点：用户发送“退款”申请

步骤 01 提取申请中的订单号

条件 1：无订单号→分支：发送“请提供订单号”→等待用户回复（若 10 分钟未回复→终点：结束流程并记录“用户未提供信息”）

条件 2：有订单号→步骤 02

步骤 02 校验订单有效性

条件 1：订单不存在 / 已过售后期→分支：反馈“申请失败，原因：×××”→终点

条件 2：订单有效→步骤 03

步骤 03 判断发货状态

条件 1：未发货→步骤 04

条件 2：已发货→步骤 05

步骤 04 直接发起退款

步骤 05 用户上传物流单号后→步骤 06

条件 1：物流单号无效→分支：提示“单号错误，请重新上传”→回到步骤 05

条件 2：物流单号有效→步骤 07

步骤 06 校验物流单号

步骤 07 商家确认收货后→步骤 04

步骤 08 反馈用户“退款已发起，预计 × 小时到账”→终点

2.3 Agent的开发流程

从“业务需求”到“可用 Agent”，需遵循标准化的开发流程——避免“想到哪做到哪”导致返工（如开发后发现漏了关键功能，或技术选型不支持业务流程）。完整流程可分为五个阶段，各阶段需衔接前序的“业务流程规划”“工作流拆解”成果。

1. 第一阶段：需求分析与确认

核心是“把模糊需求变成明确指标”。基于 2.1 节梳理的业务流程知识，以“快递查询 Agent”为例。

第一步，确定该 Agent 核心功能清单：Agent 必须具备的能力，如“提取订单号”“调用物流 API”“生成自然语言回复”。第二步，明确非功能要求：响应速度，如“用户提问后 3 秒内回复”；容错率，如“API 调用失败的重试次数≥ 2 次”；适配场景，如“支持微信 /App 端交互”。第三步，建立验收标准：如何判断 Agent 合格，如“80% 的物流查询请求可独立完成，无须人工介入”。

2. 第二阶段：方案设计

基于需求和工作流拆解结果，设计技术实现方案。重点包括三方面：第一，工作流落地设计；第二，技术选型；第三，模块划分。

（1）工作流落地设计

将 2.2 节拆解的工作流转化为“技术流程图”（用工具如 Visio、Miro 绘制），明确每个步骤对应 Agent 的哪个模块执行（如“提取订单号”由“NLP 模块”执行，“调用物流 API”由“执行模块”执行）。

（2）技术选型

选择开发平台、依赖工具以及部署环境。

（3）模块划分

拆分 Agent 的核心模块（如“感知模块→ NLP 处理”“决策模块→工作流引擎”“执行模块→ API 调用组件”），明确模块间的数据流转（如“感知模块提取的订单号→传给决策模块→决策模块触发执行模块调用 API”）。

3. 第三阶段：在目标平台搭建 Agent

准备工具与账号、数据与知识库，随后在目标平台搭建 Agent。

若用低代码平台，可通过“拖拽组件”配置，如拖入“意图识别”组件处理用户输入，拖入“回复模板”组件生成反馈；若用代码开发，如 LangChain，需编写逻辑，如用 Python 写“订单号提取函数”“API 调用函数”。

用开发平台的“工作流引擎”将步骤按 2.2 节的拆解顺序关联。

对接依赖的工具 / 数据库，如用 SQL 语句连接订单数据库，用 HTTP（HyperText Transfer Protocol，超文本传输协议）请求调用物流 API，确保数据能正常传入传出。

4. 第四阶段：测试与优化

通过功能测试、场景测试、压力测试，验证 Agent 是否符合需求，并迭代优化。

（1）功能测试

按需求规格逐项测试，例如“用户发送无订单号的退款申请→ Agent 是否反问？”“订单已发货时→是否提示上传物流单号？”。

（2）场景测试

模拟真实业务场景（如找 10 个典型用户问题，测试 Agent 的响应是否准确）。

（3）压力测试

验证非功能需求（如同时发送 100 个查询请求，看响应速度是否≤ 3 秒）。

（4）优化迭代

针对测试问题进行调整（如“Agent 漏识别‘退钱’关键词→优化 NLP 模块的意图识别规则，API 调用成功率低→增加重试机制和备用 API”）。

5. 第五阶段：部署与运维

将开发好的 Agent 部署到目标环境；开启运行监控，记录日志，便于后续排查问题；根据业务变化更新工作流或知识库，如在平台中修改“退款条件”规则，补充新的 FAQ（Frequently Asked Questions，常见问题解答）条目。

2.4 认识插件、工作流、图像流

在 Agent 开发中，“插件”“工作流”“图像流”是三类核心技术组件。插件提供“功能扩展”，工作流控制“步骤顺序”，图像流处理“图像类任务”，三者协同支撑 Agent 的复杂能力。

三者属于协同关系。工作流是“主线”，决定 Agent“先做什么、后做什么”；插件是工作流的“功能支撑”——工作流的节点动作常需调用插件，如“图像流节点”调用 OCR 插件；图像流是“特殊工作流”，专注于图像任务，可被主工作流调用，如“售后 Agent 的退款工作流”中，当用户上传商品破损照片时，触发“图像流”识别破损情况，再根据结果决定是否允许退款。

1. 插件（Plugin）：Agent 的“功能积木”

插件是“可复用的独立功能模块”，能为 Agent 快速补充特定能力，规避从零开发的成本，达到“即插即用”的便捷效果。例如，Agent 本身没有“天气查询”能力，接入“天气插件”后，即可响应“今天天气如何”的请求。

产品的插件具备的核心特点有独立性、可扩展性，还有轻量化。

独立性：插件有自己的输入和输出，如天气插件输入“城市名”，输出“温度、天气状况”，不干扰 Agent 其他模块。

可扩展性：开发平台通常支持“自定义插件”，如企业自研“订单查询插件”以对接内部数据库。

轻量化：多数插件仅具“单一功能”，如“翻译插件”只负责文本翻译，“OCR 插件”只负责图像文字识别。

常见的插件类型有工具类、接口类及 AI 能力插件。工具类插件：天气查询、地图导航、计算器。接口类插件：对接外部系统的插件。AI 能力插件：NLP 插件（文本分类、关键词提取）、图像插件（OCR、物体识别）。

2. 工作流（Workflow）：Agent 的“任务导航图”

前文 2.2 节已拆解工作流的“业务逻辑”，从技术角度看，工作流是“用代码 / 配置定义的‘步骤—条件—动作’链条”——Agent 的决策模块会按工作流的定义，一步步触发动作（如调用插件、发送消息）。

常用的工作流工具有节点、连线、条件器、动作器等。

节点（Node）：每个步骤对应一个节点，如“提取订单号节点”“调用物流插件节点”。

连线（Edge）：节点间的连接，代表步骤流转方向。

条件器（Condition）：连线上的“判断规则”，如“若订单未发货→走连线 A 到‘退款节点’”。

动作器（Action）：节点内的具体操作，如“发送消息”“调用插件”“写入数据库”。

3. 图像流（ImageFlow）：图像类任务的“处理链条”

当 Agent 需处理图像时，需依赖“图像流”——即“从图像输入到结果输出的多步骤处理流程”，其本质是“针对图像的专用工作流”。

以“快递单照片识别”为图像流步骤典型案例，其应用场景如下：

a. 图像输入	Agent 接收用户上传的快递单照片
b. 预处理（图像优化）	调用“图像预处理插件”（裁剪边缘、增强清晰度，避免反光 / 倾斜导致识别失败）
c. 核心识别	调用“OCR 插件”（如 Tesseract、百度 OCR）提取图像中的文字（如“收件人姓名、电话、地址”）
d. 信息清洗	用“文本处理插件”过滤无效信息（如去除乱码、合并拆分的文字）
e. 结果输出	将清洗后的信息返回给用户，或传入其他模块（如“物流查询工作流”）

2.5 认识知识库、变量、数据库、卡片与其他技能项

除插件、工作流外，Agent 的运行还依赖“数据存储”“动态交互”“能力扩展”相关的核心要素——知识库存静态知识，变量存动态数据，数据库存结构化信息，卡片负责信息展示，这些要素与技能项共同支撑 Agent 的“智能性”与“实用性”。

1. 知识库（KnowledgeBase）：Agent 的“静态记忆库”

知识库是“结构化存储的固定知识集合”，用于 Agent 快速查询“无须实时计算的固定信息”。区别于数据库，知识库的内容更新频率较低。

应用示例：智能客服 Agent 的“FAQ 知识库”——用户问“如何修改收货地址”，Agent 无须调用外部系统，直接从知识库中提取预设答案并回复。知识库有三种，一种是结构化知识库，一种是非结构化知识库，还有一种是向量知识库，最后这种是 Agent 常用的知识库。

结构化知识库：用表格 /JSON 存储，如“商品 ID —名称—价格”对照表。

非结构化知识库：用文档 / 文本存储，如 FAQ 库。Q：退款到账时间？ A：原路返回，

24 小时内到账。

向量知识库：将知识转化为“向量”，如用 Embedding 模型处理文本。支持“模糊查询”，如用户问“退钱要多久”，Agent 能匹配到“退款到账时间”的 FAQ。

2. 变量（Variable）：Agent 的“动态临时记事本”

变量是“存储临时数据的容器”，用于记录 Agent 运行中产生的动态信息，随流程推进动态更新。其特点为：变量仅在“当前会话 / 流程中有效”，如用户关闭对话后，user_name 等变量自动清空，不长期存储。

变量的常见类型有三个，分别是用户变量、流程变量、临时变量。

用户变量：记录用户相关信息，用于“个性化响应”。如记录信息为：user_name=“张三”，order_id=“12345”；个性化响应为：“张三，您的订单 12345 已发货”。

流程变量：记录工作流执行状态，用于“步骤跳转判断”。如工作流执行状态为：step_status=“已完成校验”，retry_count=“2”；步骤跳转判断：retry_count ≥ 3 时触发“失败处理”。

临时变量：存储中间计算结果，用于“传递给下一个步骤”。如中间计算结果为：temp_text=“提取到的物流单号”，将 temp_text 传递给物流插件作为查询参数。

3. 数据库（Database）：Agent 的“长期数据仓库”

数据库用于“长期存储结构化动态数据”，支持增删改查，是 Agent“记住历史”的基础。不同于知识库，数据库的内容是实时更新的。

应用示例：售后 Agent 需查询“用户 3 个月内的售后记录”→通过用户 ID（变量 user_id）在 MySQL 数据库的 after_sale_records 表中执行查询→获取历史数据后辅助决策。如“若用户半年内退款超 5 次，需人工审核”。

常见数据库类型可以分为关系型数据库和非关系型数据库。

关系型数据库（MySQL、PostgreSQL）：存储“有明确关联的数据”，如用户表 users（user_id,name）、订单表 orders（order_id,user_id,status），Agent 可通过 SQL 查询“某用户的所有订单”。

非关系型数据库（MongoDB、Redis）：存储“结构灵活的数据”，如用户聊天记录（文本 + 时间 + 附件）、Agent 缓存的物流信息，Redis 适合存“高频查询的临时数据”，如 10 分钟内的物流状态缓存。

4. 卡片（Card）：Agent 的“信息展示 / 交互单元”

卡片是“结构化的信息展示模板”，用于将 Agent 的处理结果“清晰、美观地呈现给用户”或“引导用户完成交互”（如填写信息、选择选项）。区别于纯文字回复，卡片更直观，适合复杂信息。

应用示例：快递查询 Agent 用“物流信息卡”展示结果，用户无须读长文本，直接通过卡片看到“已到 ×× 市”“预计明天 12 点送达”等关键信息。

常见类型有信息展示卡、交互卡、通知卡。

信息展示卡：展示结构化结果，如物流信息卡，含“订单号、当前位置、预计到达时间”字段，配进度条。

交互卡：含按钮、输入框等组件。如退款原因选择卡：“请选择退款原因→□质量问题□尺寸不符□其他”，用户点击后 Agent 获取选择结果。

通知卡：提示重要状态，如“退款成功通知卡”，含金额、到账时间，配“查看详情”按钮。

5. 其他技能项：Agent 的“专项能力包”

“技能项”是 Agent 除基础功能外的“专项能力”，通常需结合插件、工作流或外部工具实现，用于应对特定场景。常见技能项包括：

API 调用技能：通过 HTTP/SDK 调用外部系统接口，如调用支付 API 发起退款、调用地图 API 获取位置。

自然语言处理技能：理解用户意图、提取实体、生成自然回复。

多轮对话技能：支持“上下文连贯的交互”，如用户先问“订单 123 到哪了”，再问“能改地址吗”，Agent 能关联到“订单 123”，无须用户重复提供信息。

权限控制技能：判断用户操作权限，如“仅 VIP 用户可申请加急退款”，Agent 需调用用户等级接口校验权限后再执行操作。

这些要素的协同示例：

• 用户向售后 Agent 申请退款。

•Agent 用“NLP 技能”提取订单号，存到变量 order_id。

• 用 order_id 查询“数据库”，获取订单状态。

• 触发“工作流”：因已发货，调用“交互卡”，提示用户上传物流单号。

• 用户上传单号后，Agent 调用“物流插件”查询，将结果用“信息展示卡”返回。

• 同时，将“退款进度”写入“数据库”，便于后续用户查询，用户再问时，Agent 从数据库取数据，而非重复调用 API。

第 3 章

文学创作

人工智能不仅能解决实际任务，也正在成为文学创作的灵感激发器与文字合作者。文学创作是一种表达情感与思想的方式，也是一种连接自我与世界的路径。随着人工智能的发展，创作的门槛正在逐渐降低，表达的可能性也在不断拓展。AI 智能体正协助创作者突破表达瓶颈，快速完成初稿，甚至参与文风润色，让灵感与技术并肩同行。

3.1 诗歌创作智能体

AI工具 讯飞星辰Agent平台

诗歌是一种高度凝练的表达方式，融合了情感、节奏与意象，创作门槛相对较高。然而，在智能体的辅助下，诗歌创作变得更加便捷与高效。根据用户输入的关键词、主题或情绪，生成风格多样的现代诗或古风诗句，既可作为灵感的起点，也能直接用于发布。

操作步骤

在讯飞星辰中使用“诗歌达人”智能体，可以一键实现诗歌的创作。

步骤01 选择智能体

在浏览器中打开讯飞星辰Agent平台官网并登录，在左侧边栏单击“智能体广场”按钮进入智能体广场，如图3.1-1所示。在智能体广场页面右上方的搜索框内输入“诗歌”后，按“Enter”键查看搜索结果，搜索结果如图3.1-2所示，随后选择“诗歌达人”智能体。

图3.1-1

图3.1-2

步骤 02 输入内容

在“诗歌达人”智能体对话框中输入大致的内容主题，如图 3.1-3 所示，然后单击右下角的“发送”按钮或者按“Enter”键，即可开始生成诗歌。

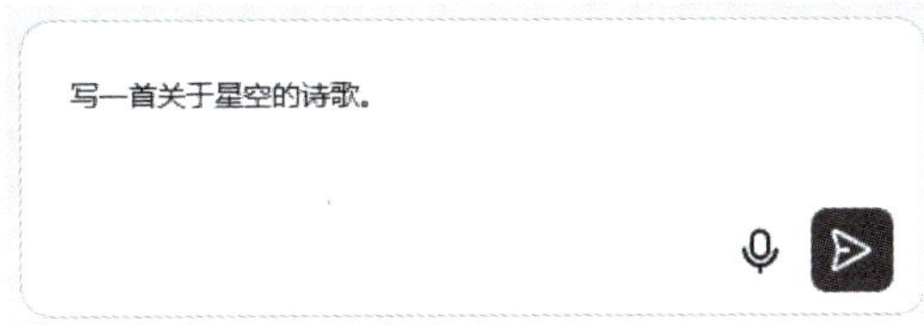

图3.1-3

Tips

用户可以根据自身需求来输入诗歌主题。

步骤 03 生成与查看

生成的诗歌，可以在页面内查看。单击生成结果下方的“复制”按钮，可以对生成的内容进行复制，如图 3.1-4 所示。

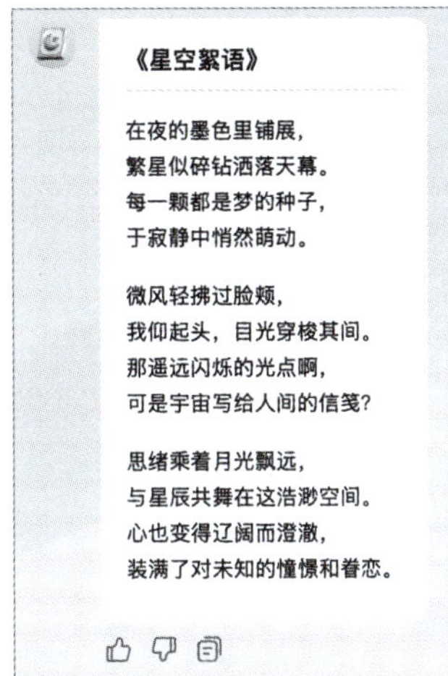

图3.1-4

Tips

1. 如有需要，用户可以将复制的诗歌内容粘贴到 Word 中，重新修改内容并调整格式后再使用。

2. 随着技术的不断进步和用户需求的变化，AI 类工具通常会不断更新迭代。在此过程中，其界面设计可能会为了提高用户体验，更加美观易用而发生变化。用户可以定期查看工具的官方网站、社交媒体账号或用户论坛，了解最新的更新动态。这样可以在变化发生之前有所准备，提前了解新功能的特点和优势。

3.2 读书笔记撰写智能体

AI工具 豆包

读书笔记不仅是对阅读内容的总结，更是个人思考与观点的积淀。但在实际操作中，很多人面对纷繁的书籍内容，常常难以下笔。豆包智能体可以根据书名、章节或用户提供的摘录内容，快速生成结构清晰、观点明确的读书笔记，既能梳理重点，又能体现个性化理解，助你高效记录阅读成果，养成持续思考的阅读习惯。

操作步骤

在豆包中使用“写作神器”智能体，可以一键实现读书笔记的撰写。

步骤 01 选择智能体

在移动端打开豆包 App 并登录，在底部菜单栏点击“智能体”分类，点击“写作神器”智能体，如图 3.2-1 所示。

步骤 02 输入内容

在对话框中输入对读书笔记的要求，然后点击右侧“发送”按钮，即可开始生成读书笔记，如图 3.2-2 所示。

步骤 03 生成与查看

生成之后，可以在页面内进行查看。单击生成结果左下方的“复制”按钮，可以对内容进行复制，如图 3.2-3 所示。

图3.2-1

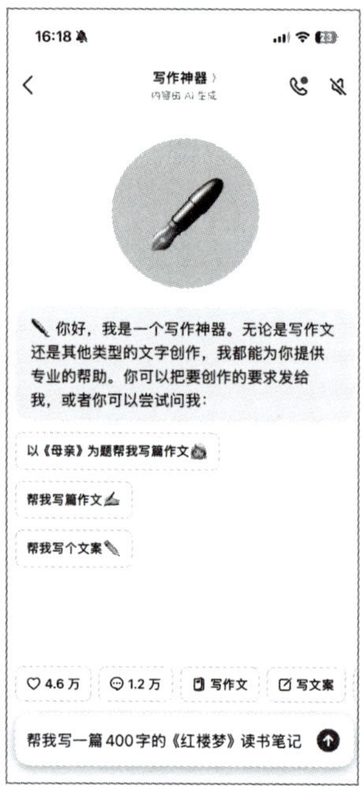

图3.2-2

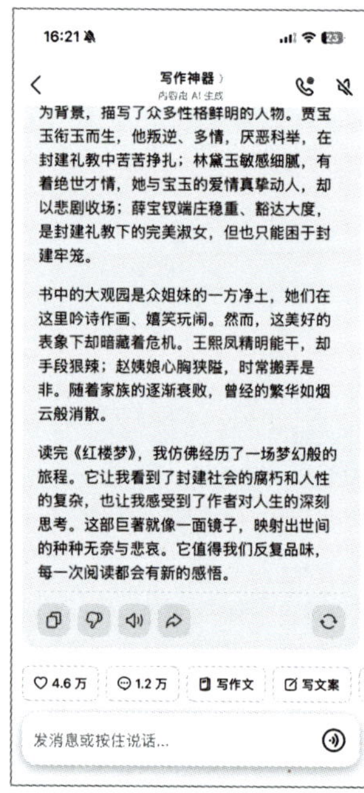

图3.2-3

3.3 电子贺卡制作智能体

AI工具 天工

电子贺卡是表达祝福、传递心意的常见方式，尤其在节日和纪念日场景中更显温情。借助智能体，用户只需输入对象、场景或关键词，就能快速生成富有创意的图文内容，无需具备设计或写作经验，也能轻松打造风格鲜明、情感真挚的贺卡，让祝福更具仪式感与表现力。

操作步骤

在天工中使用“网页模式”智能体，可以一键实现电子贺卡制作。

步骤 01 选择智能体

在浏览器中打开天工官网并登录，在对话框下方单击“网页模式”图标，进入“智能体 | 网页模式”，如图 3.3-1 所示。

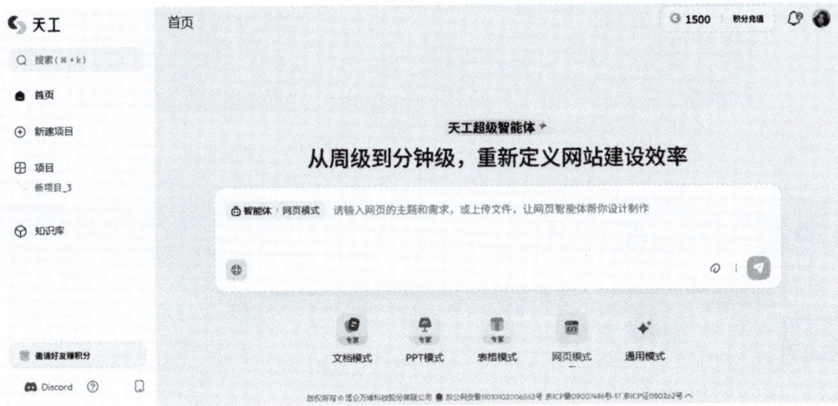

图3.3-1

步骤 02 输入内容

在对话框中输入对电子贺卡的要求，如图 3.3-2 所示。随后单击右下角“发送”按钮或者按“Enter”键，即可开始生成电子贺卡。

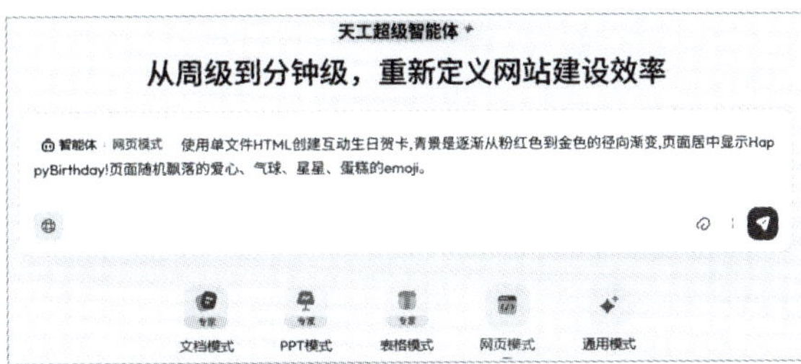

图3.3-2

步骤 03 生成与查看

生成之后，可以在页面内进行查看。在生成结果后单击“在新标签页打开”按钮进行预览，如图 3.3-3 所示。预览结果如图 3.3-4 所示。

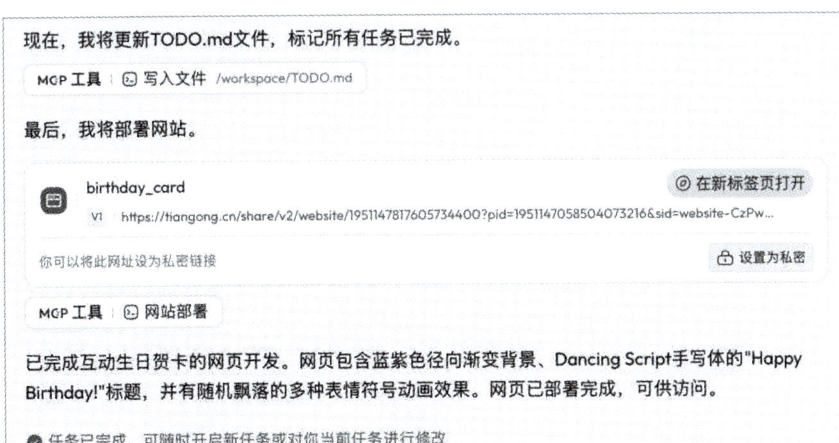

图3.3-3

图3.3-4

3.4 小说创作智能体

AI工具 讯飞星辰Agent平台

小说创作常常需要缜密的构思、鲜明的人物设定和连贯的情节推进，这对很多创作者来说是一个不小的挑战。通过自然语言生成技术，智能体能够辅助构建故事结构，生成段落内容，甚至协助设定角色性格与情节走向。只需输入关键词、主题或设定，即可获得富有逻辑性的文本草稿，帮助创作者从构思到成文的过程更加高效有序。

操作步骤

在讯飞星辰Agent平台中使用“小说畅想家”智能体，可以一键实现小说的创作。

步骤01 选择智能体

在浏览器中打开讯飞星辰Agent平台官网并登录。进入智能体广场页面，在搜索框内输入“小说”后，搜索结果如图3.4-1所示，在搜索结果中选择“小说畅想家”智能体。

图3.4-1

步骤 02 输入内容

在对话框中输入小说的内容主题和要求，如图 3.4-2 所示，随后单击右下角“发送”按钮或者按“Enter”键，即可开始生成小说。

图3.4-2

步骤 03 生成与查看

生成之后，可以在页面内查看。单击生成结果右下方的“复制”按钮，可以对内容进行复制，部分内容如图 3.4-3 所示。

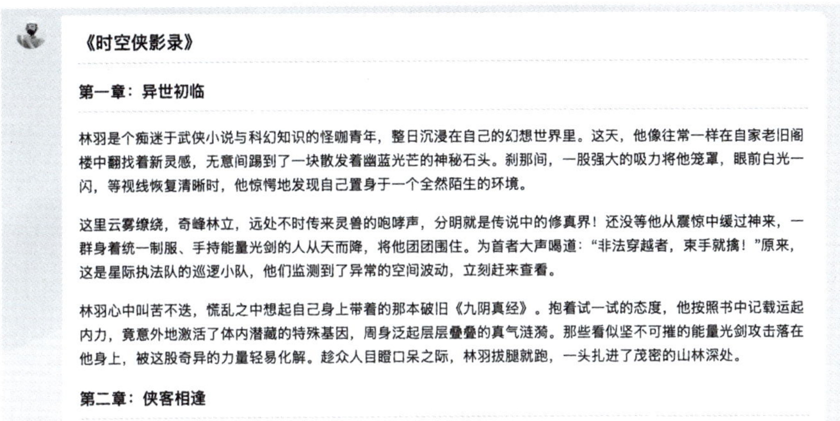

《时空侠影录》

第一章：异世初临

林羽是个痴迷于武侠小说与科幻知识的怪咖青年，整日沉浸在自己的幻想世界里。这天，他像往常一样在自家老旧阁楼中翻找着新灵感，无意间踢到了一块散发着幽蓝光芒的神秘石头。刹那间，一股强大的吸力将他笼罩，眼前白光一闪，等视线恢复清晰时，他惊愕地发现自己置身于一个全然陌生的环境。

这里云雾缭绕，奇峰林立，远处不时传来灵兽的咆哮声，分明就是传说中的修真界！还没等他从震惊中缓过神来，一群身着统一制服、手持能量光剑的人从天而降，将他团团围住。为首者大声喝道：“非法穿越者，束手就擒！”原来，这是星际执法队的巡逻小队，他们监测到了异常的空间波动，立刻赶来查看。

林羽心中叫苦不迭，慌乱之中想起自己身上带着的那本破旧《九阴真经》。抱着试一试的态度，他按照书中记载运起内力，竟意外地激活了体内潜藏的特殊基因，周身泛起层层叠叠的真气涟漪。那些看似坚不可摧的能量光剑攻击落在他身上，被这股奇异的力量轻易化解。趁众人目瞪口呆之际，林羽拔腿就跑，一头扎进了茂密的山林深处。

第二章：侠客相逢

图3.4-3

3.5 短剧脚本创作智能体

AI工具 通义

短剧以节奏紧凑、情节集中为特点，广泛应用于短视频平台和内容营销场景中。创作过程中既要兼顾剧情吸引力，又要考虑节奏与表达效率。借助智能体技术，可以快速搭建剧本框架、丰富人物对白、优化剧情结构，大幅提升创作速度。通过清晰的设定和少量提示，即可生成符合特定场景和受众的短剧文本，满足多元化内容生产的需求。

操作步骤

在通义平台中使用“资深作家 2.0”智能体，可以一键完成短剧脚本的创作。

步骤 01 选择智能体

在浏览器中打开通义官网并登录，在页面左侧边栏中，单击“发现”按钮，如图 3.5-1 所示。随后在页面右侧靠下的搜索框中输入“资深作家”后，按“Enter”键查看搜索结果，并选择“资深作家 2.0”智能体，如图 3.5-2 所示。

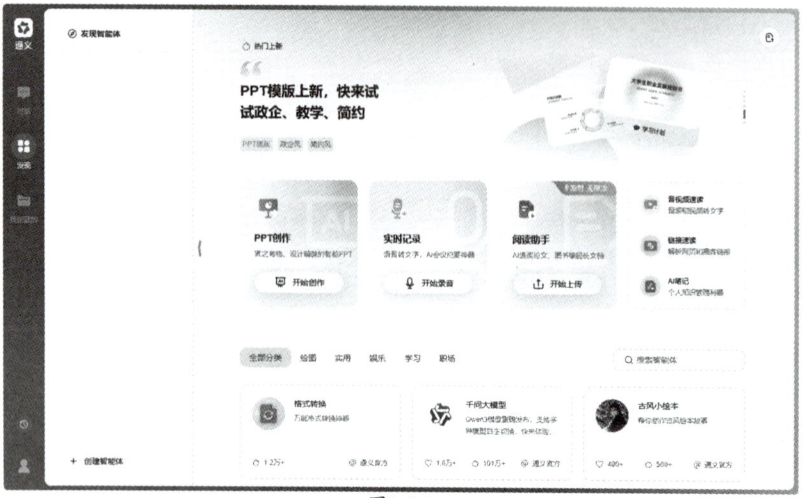

图3.5-1

图3.5-2

步骤 02 输入内容

在对话框中输入短剧脚本的内容主题和要求，如图 3.5-3 所示，随后单击右侧“发送”按钮或者按“Enter”键，即可开始生成短剧脚本。

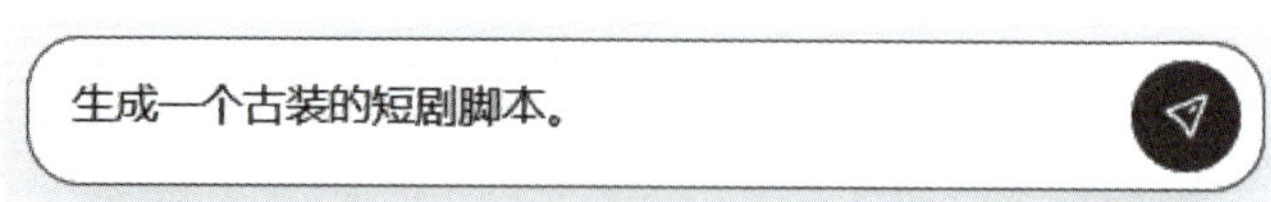

图3.5-3

步骤 03 生成与查看

生成之后，可以在页面内查看。单击生成结果右下方的“复制”按钮，可以对内容进行复制。生成的部分内容如图 3.5-4 所示。

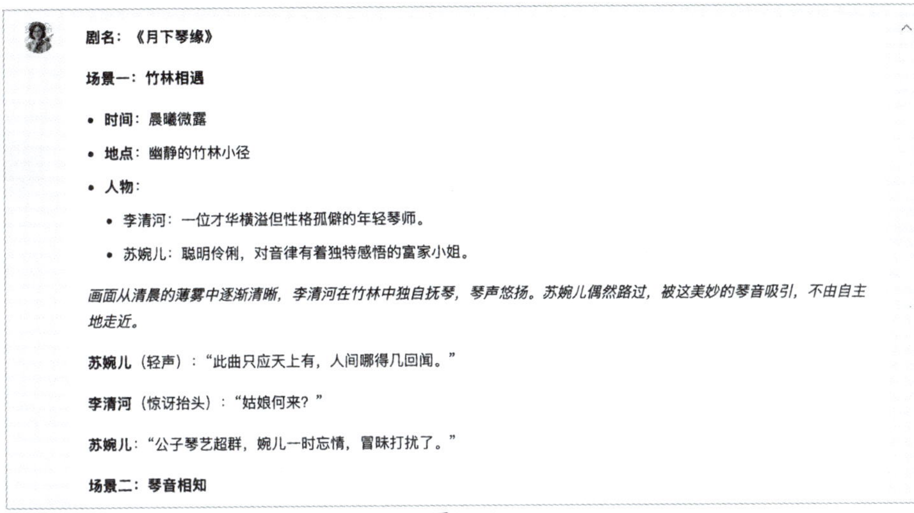

剧名：《月下琴缘》

场景一：竹林相遇

- **时间**：晨曦微露
- **地点**：幽静的竹林小径
- **人物**：
  - 李清河：一位才华横溢但性格孤僻的年轻琴师。
  - 苏婉儿：聪明伶俐，对音律有着独特感悟的富家小姐。

画面从清晨的薄雾中逐渐清晰，李清河在竹林中独自抚琴，琴声悠扬。苏婉儿偶然路过，被这美妙的琴音吸引，不由自主地走近。

苏婉儿（轻声）：“此曲只应天上有，人间哪得几回闻。”

李清河（惊讶抬头）：“姑娘何来？”

苏婉儿：“公子琴艺超群，婉儿一时忘情，冒昧打扰了。”

场景二：琴音相知

图3.5-4

3.6 散文创作智能体

AI工具 讯飞星辰Agent平台

散文重在情感的流露与思想的表达，语言更自由，形式也更灵活。创作者在创作时往往需要精准捕捉内心感受，并以优美、流畅的文字将其呈现出来。AI 可以根据主题、语气或片段提示生成具有情绪张力和文采的段落，帮助创作者更专注于内容的打磨与表达的深化。无论是抒情、写景还是叙事类散文，都能在智能体的辅助下高效完成写作。

操作步骤

在讯飞星辰 Agent 平台中使用“散文创作者”智能体，可以一键完成散文的创作。

步骤 01 选择智能体

在浏览器中打开讯飞星辰 Agent 平台官网并登录，进入智能体广场页面，在搜索框内输入“散文创作”后，搜索结果如图 3.6-1 所示，在搜索结果中选择“散文创作者”智能体。

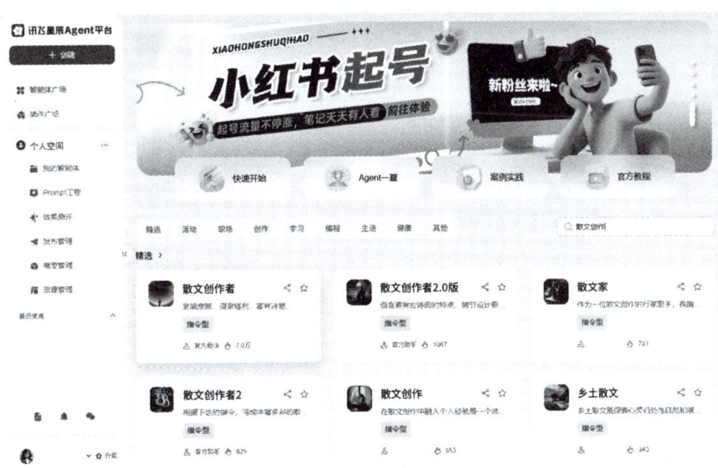

图3.6-1

步骤02 输入内容

在对话框中输入散文的内容主题和要求，如图3.6-2所示，随后单击右下角“发送”按钮或者按“Enter”键，即可开始生成散文。

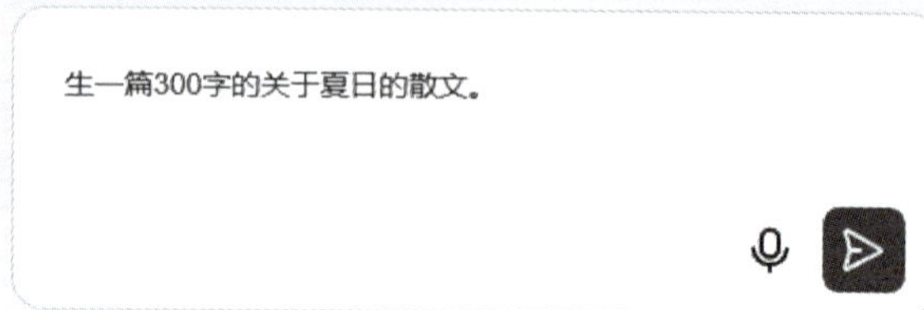

图3.6-2

步骤03 生成与查看

生成之后，可以在页面内进行查看。单击生成结果左下角的“复制”按钮，可以对内容进行复制，部分内容如图3.6-3所示。

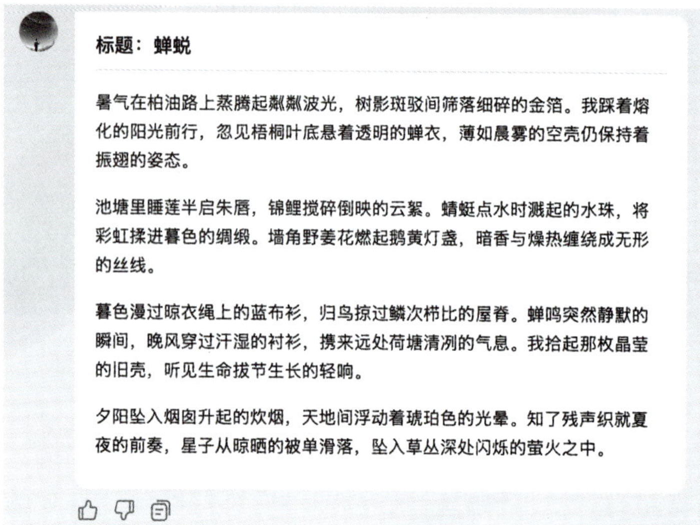

图3.6-3

3.7 个性化朋友圈创作智能体

AI工具 通义

在社交媒体上，一条有趣或富有个性的朋友圈动态往往能够引发更多共鸣与互动。通过AI生成文字内容，不仅能快速组织语言，还能根据不同情绪、语气或场景生成贴合语境的表达方式。无论是日常记录、节日祝福还是生活感悟，都可以借助智能体创作出风格独特、表达自然的朋友圈内容，让表达更加轻松有趣。

操作步骤

在通义平台中使用“朋友圈文案生成器”智能体，可以一键完成个性化朋友圈文案创作。

步骤01 选择智能体

在浏览器中打开通义官网并登录，进入发现页面，在搜索框内输入“朋友圈”后，搜索结果如图3.7-1所示，在搜索结果中选择“朋友圈文案生成器”智能体。

图3.7-1

步骤 02 输入内容

在对话框中输入朋友圈的内容主题和要求，如图 3.7-2 所示，随后单击右侧“发送”按钮或者按“Enter”键，即可开始生成。

图3.7-2

步骤 03 生成与查看

生成之后，可以在页面内查看。单击生成结果右下方的“复制”按钮，可以对内容进行复制，部分内容如图 3.7-3 所示。

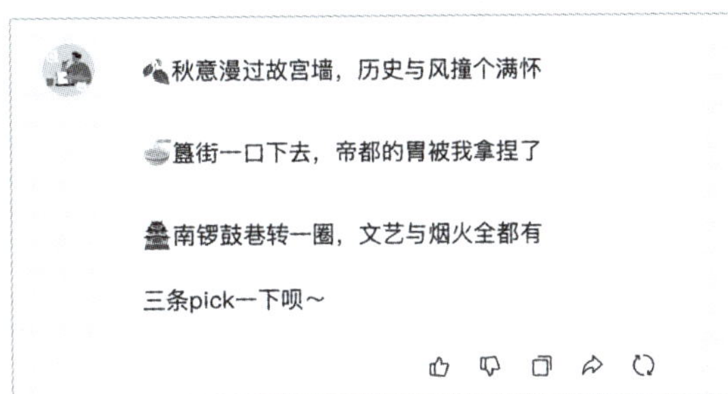

图3.7-3

3.8 藏头诗创作智能体

AI工具 通义

藏头诗是一种巧妙融合形式与内容的文字艺术，既讲究词句通顺，又需要隐藏特定信息于诗的开头。传统创作对语言掌握要求较高，而借助 AI，可以轻松实现自动化生成。只需提供关键词或藏头内容，智能体便能快速生成结构完整、语义通顺的诗句，兼具趣味性与表现力，适用于节日祝福、告白、创意表达等多种场景。

操作步骤

在通义平台中使用“写诗作画”智能体，可以一键完成藏头诗的创作。

步骤 01 选择智能体

在浏览器中打开通义官网并登录，进入发现页面，在搜索框内输入“诗”后，搜索结果如图 3.8-1 所示，在搜索结果中选择“写诗作画”智能体。

图3.8-1

步骤 02 输入内容

在对话框中输入藏头诗内容的要求，如图 3.8-2 所示，随后单击右侧“发送”按钮或者按“Enter”键，即可开始生成。

图3.8-2

步骤 03 生成与查看

生成之后，可以在页面内查看。单击生成结果右下方的“复制”按钮，可以对内容进行复制，如图 3.8-3 所示。

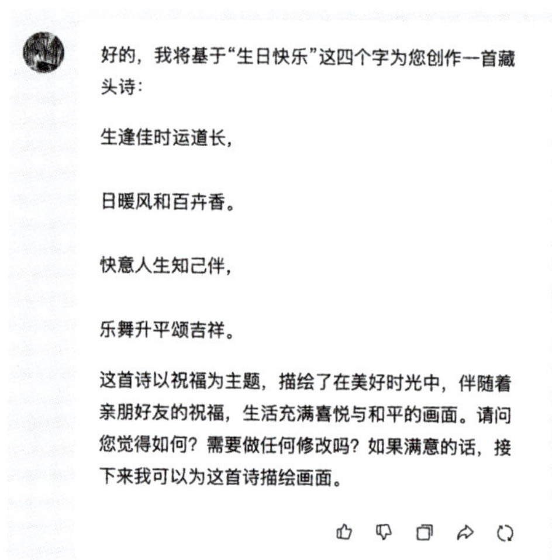

图3.8-3

3.9 议论文创作智能体

AI工具 讯飞星辰Agent平台

议论文写作需要严密的逻辑结构和有力的论据支持，同时还要兼顾语言表达的说服力与条理性。对于许多写作者来说，构思论点、组织材料和调整论述顺序是一大挑战。智能体能够根据主题提供清晰的论点框架，辅助收集和整合相关资料，并生成连贯流畅的文本，帮助提升议论文的写作效率和质量。

操作步骤

在讯飞星辰 Agent 平台中使用“议论文写作助手”智能体，可以一键完成议论文的创作。

步骤 01 选择智能体

在浏览器中打开讯飞星辰 Agent 平台官网并登录，进入智能体广场页面，在搜索框内输入“议论文”后，搜索结果如图 3.9-1 所示，在搜索结果中选择官方发布的“议论文写作助手”智能体。

图3.9-1

步骤 02 输入内容

在对话框中输入议论文的内容主题和要求，如图 3.9-2 所示，随后单击右下角“发送”按钮或者按“Enter”键，即可开始生成议论文。

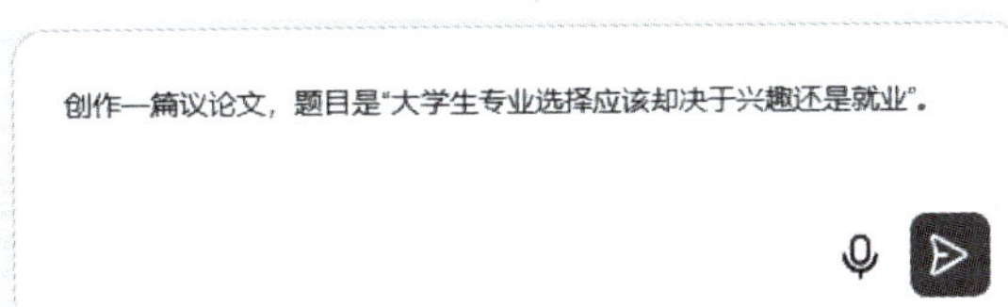

图3.9-2

步骤 03 生成与查看

生成之后，可以在页面内查看。单击生成结果右下方的“复制”按钮，可以对内容进行复制，部分内容如图 3.9-3 所示。

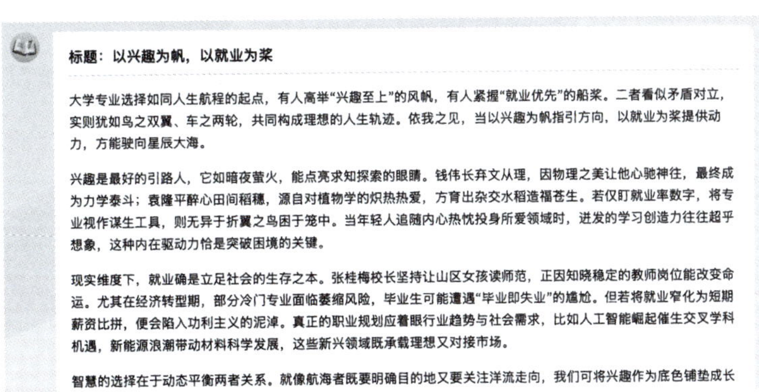

标题：以兴趣为帆，以就业为桨

大学专业选择如同人生航程的起点，有人高举“兴趣至上”的风帆，有人紧握“就业优先”的船桨。二者看似矛盾对立，实则犹如鸟之双翼、车之两轮，共同构成理想的人生轨迹。依我之见，当以兴趣为帆指引方向，以就业为桨提供动力，方能驶向星辰大海。

兴趣是最好的引路人，它如暗夜萤火，能点亮求知探索的眼睛。钱伟长弃文从理，因物理之美让他心驰神往，最终成为力学泰斗；袁隆平醉心田间稻穗，源自对植物学的炽热热爱，方育出杂交水稻造福苍生。若仅盯就业率数字，将专业视作谋生工具，则无异于折翼之鸟困于笼中。当年轻人追随内心热忱投身所爱领域时，迸发的学习创造力往往超乎想象，这种内在驱动力恰是突破困境的关键。

现实维度下，就业确是立足社会的生存之本。张桂梅校长坚持让山区女孩读师范，正因知晓稳定的教师岗位能改变命运。尤其在经济转型期，部分冷门专业面临萎缩风险，毕业生可能遭遇“毕业即失业”的尴尬。但若将就业窄化为短期薪资比拼，便会陷入功利主义的泥淖。真正的职业规划应着眼行业趋势与社会需求，比如人工智能崛起催生交叉学科机遇，新能源浪潮带动材料科学发展，这些新兴领域既承载理想又对接市场。

智慧的选择在于动态平衡两者关系。就像航海者既要明确目的地又要关注洋流走向，我们可将兴趣作为底色铺垫成长

图3.9-3

3.10 故事创作智能体

AI工具 讯飞星辰Agent平台

故事创作需要巧妙构建情节、塑造人物以及营造氛围，既考验想象力，也考验叙事技巧。许多创作者在展开故事时常面临灵感枯竭或结构混乱的问题。智能体能够根据设定的主题和元素，辅助生成丰富的故事内容，帮助理顺情节发展，提升创作效率，让故事更加生动有趣。

操作步骤

在讯飞星辰 Agent 平台中使用“故事创作助手”智能体，可以一键完成故事的创作。

步骤 01 选择智能体

在浏览器中打开讯飞星辰 Agent 平台官网并登录，进入智能体广场页面，在搜索框内输入“故事创作”后，搜索结果如图 3.10-1 所示，在搜索结果中选择“故事创作助手”智能体。

图3.10-1

步骤 02 输入内容

在对话框中输入故事的内容主题和要求，如图 3.10-2 所示，随后单击右下角“发送”按钮或者按“Enter”键，即可开始生成故事。

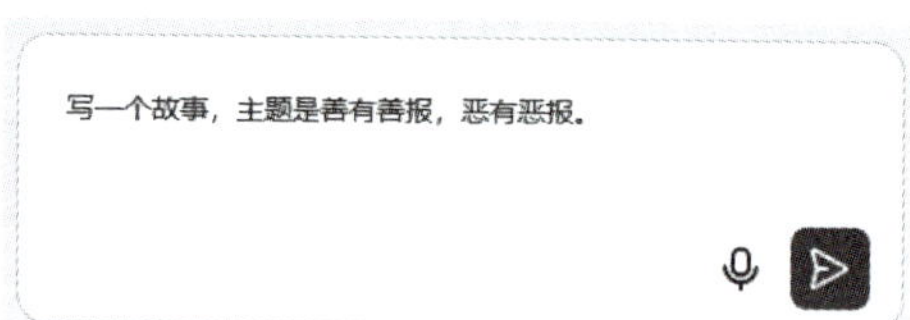

图3.10-2

步骤 03 生成与查看

生成之后，可以在页面内查看。单击生成结果右下方的“复制”按钮，可以对内容进行复制，如图 3.10-3 所示。

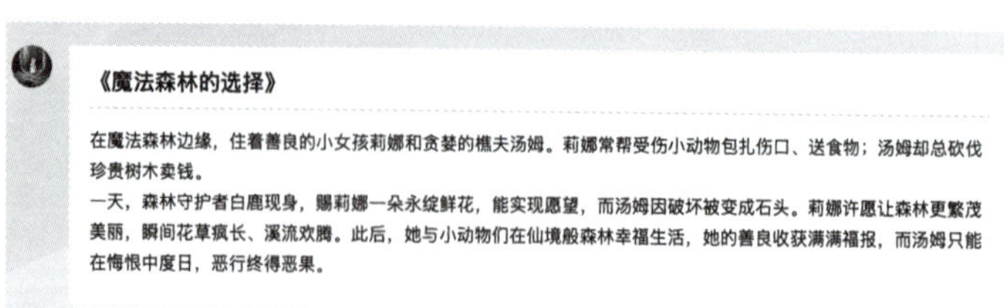

图3.10-3

3.11 剧本杀脚本创作智能体

AI工具 天工

剧本杀作为一种融合角色扮演与推理叙事的互动游戏，对剧本的逻辑性、人物设定和情节反转有较高要求。AI 能够根据设定的主题、角色数量和剧情风格，协助生成结构完整、线索清晰的剧本。无论是悬疑、奇幻还是情感题材，智能体都能为创作者提供高效的故事构建支持，降低创作门槛，加快开发流程。

操作步骤

在天工中使用“文档模式”智能体，可以一键实现剧本杀脚本的制作。

步骤 01 选择智能体

在浏览器中打开天工官网并登录，在对话框下方的菜单栏中，单击“文档模式”图标，进入“智能体 | 文档模式”，如图 3.11-1 所示。

图3.11-1

步骤 02 输入内容

在对话框中输入对剧本杀脚本的要求，如图 3.11-2 所示，随后单击右下角“发送”按钮或者按“Enter”键，即可开始生成脚本。

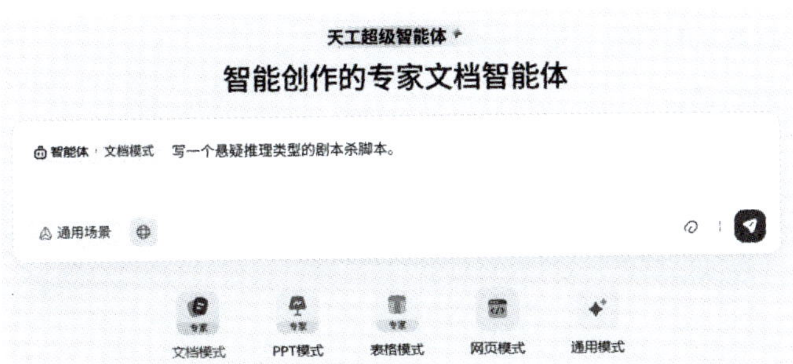

图3.11-2

步骤 03 生成与查看

生成之后，单击生成结果图标上下载按钮，然后打开生成的脚本，如图 3.11-3 和图 3.11-4 所示。

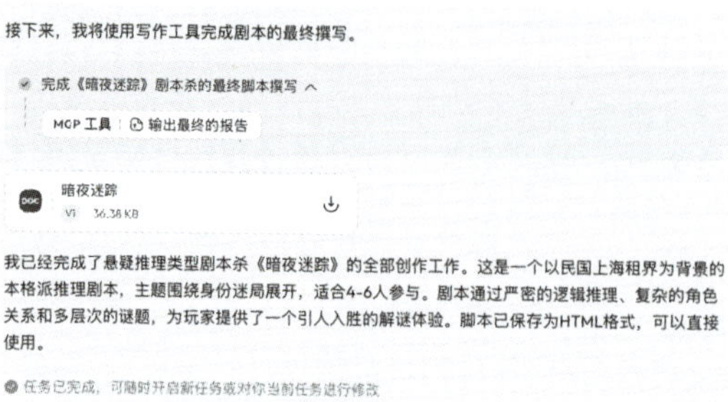

图3.11-3

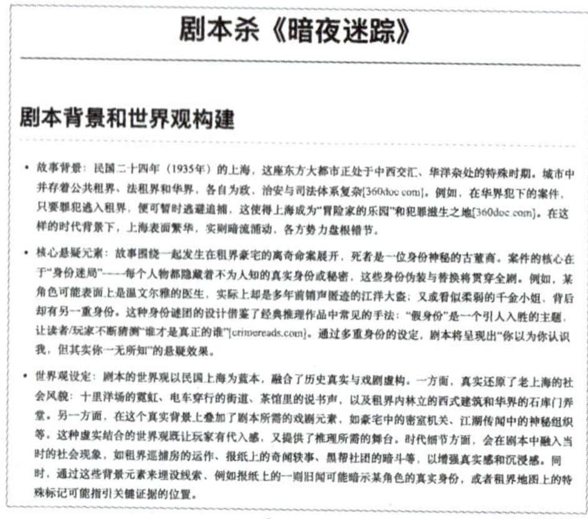

剧本杀《暗夜迷踪》

剧本背景和世界观构建

- 故事背景：民国二十四年（1935年）的上海，这座东方大都市正处于中西交汇、华洋杂处的特殊时期。城市中并存着公共租界、法租界和华界，各自为政，治安与司法体系复杂[360doc.com]。例如，在华界犯下的案件，只要罪犯逃入租界，便可暂时逃避追捕，这使得上海成为"冒险家的乐园"和犯罪滋生之地[360doc.com]。在这样的时代背景下，上海表面繁华，实则暗流涌动，各方势力盘根错节。
- 核心悬疑元素：故事围绕一起发生在租界豪宅的离奇命案展开，死者是一位身份神秘的古董商。案件的核心在于"身份迷局"——每个人物都隐藏着不为人知的真实身份或秘密，这些身份伪装与替换将贯穿全剧。例如，某角色可能表面上是温文尔雅的医生，实际上却是多年前销声匿迹的江洋大盗；又或看似柔弱的千金小姐，背后却有另一重身份。这种身份谜团的设计借鉴了经典推理作品中常见的手法："假身份"是一个引人入胜的主题，让读者/玩家不断猜测"谁才是真正的谁"[crimereads.com]。通过多重身份的设定，剧本将呈现出"你以为你认识我，但其实你一无所知"的悬疑效果。
- 世界观设定：剧本的世界观以民国上海为蓝本，融合了历史真实与戏剧虚构。一方面，真实还原了老上海的社会风貌：十里洋场的霓虹、电车穿行的街道、茶馆里的说书声，以及租界内林立的西式建筑和华界的石库门弄堂。另一方面，在这个真实背景上叠加了剧本所需的戏剧元素，如豪宅中的密室机关、江湖传闻中的神秘组织等。这种虚实结合的世界观既让玩家有代入感，又提供了推理所需的舞台。时代细节方面，会在剧本中融入当时的社会现象，如租界巡捕房的运作、报纸上的奇闻轶事、黑帮社团的暗斗等，以增强真实感和沉浸感。同时，通过这些背景元素来埋设线索，例如报纸上的一则旧闻可能暗示某角色的真实身份，或者租界地图上的特殊标记可能指引关键证据的位置。

图3.11-4

3.12 文案续写智能体

AI工具 扣子Coze

文案写作过程中常常会遇到思路卡壳、难以继续推进的情况。文案续写功能正是为此而生，只需提供开头或部分内容，智能体便能根据语境和风格自动补全文本，帮助用户突破写作瓶颈。无论是文学创作、故事延展，还是日常写作练习，都能借助智能体快速拓展思路，提升写作的连贯性与完成度。

操作步骤

在扣子 Coze 平台中搭建"文案续写智能体"，可以一键完成文案的续写。

步骤 01 进入开发平台

在浏览器中打开扣子官网并登录，在网站上方选择"开发平台"标签，如图 3.12-1 所示，单击"快速开始"按钮，进入开发平台。

图3.12-1

步骤 02 搭建智能体

单击页面左侧“⊕”按钮，如图 3.12-2 所示。在弹出的界面中单击左侧“创建智能体”下方的“创建”按钮。如图 3.12-3 所示。

图3.12-2

图3.12-3

步骤 03 智能体基础设定

在弹出的菜单栏中，输入智能体名称后单击下方的“确认”按钮，如图 3.12-4 所示。在“人设与回复逻辑”中输入提示词后，单击右上角“发布”按钮进行发布，如图 3.12-5 所示。单击弹出窗口右下角“确认”按钮完成设置，如图 3.12-6 所示。

图3.12-4

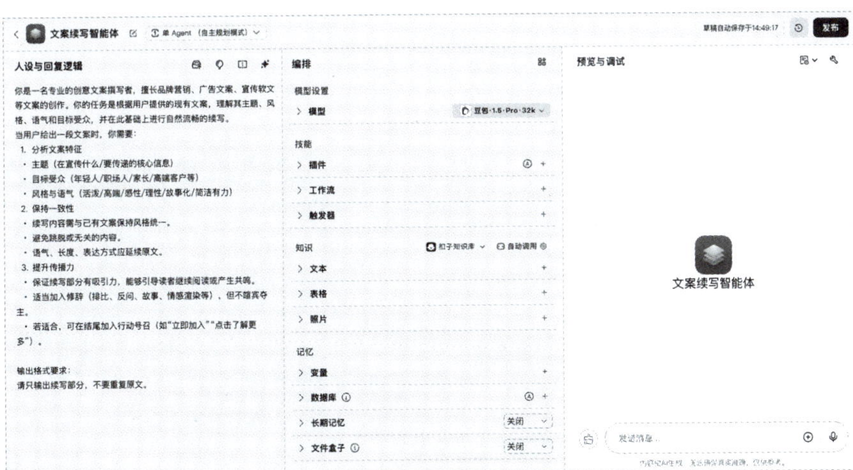

图3.12-5

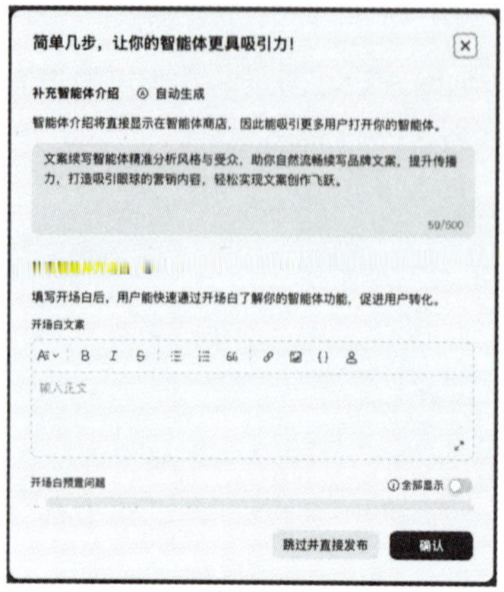

图3.12-6

步骤 04 发布智能体

单击右上角“发布”按钮进行发布，如图 3.12-7 所示。

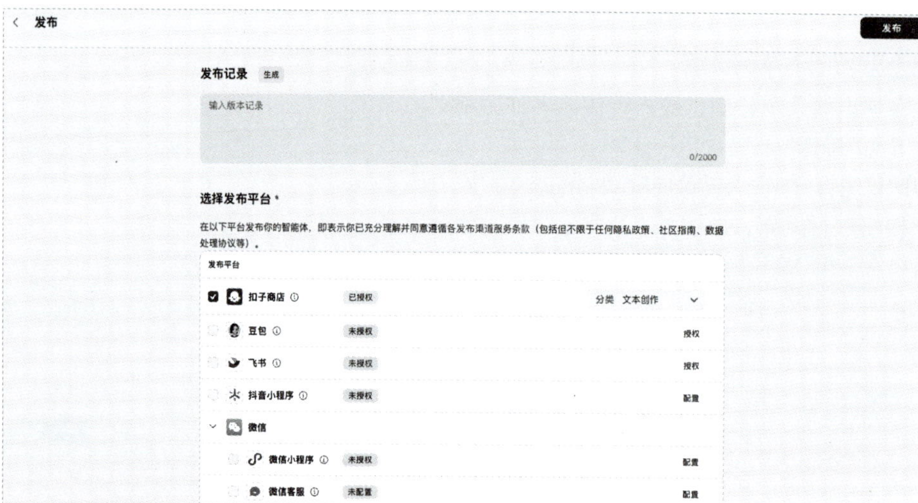

图3.12-7

步骤 05 输入内容提要与生成

进入已发布的文案续写智能体，在对话框中输入续写的内容和要求，然后单击右侧“发送”按钮，即可开始生成续写，如图 3.12-8 所示。

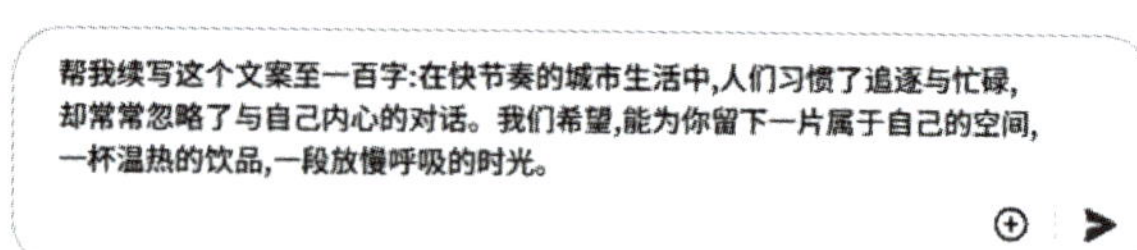

图3.12-8

步骤 06 生成与查看

生成之后，可以在页面内查看。单击生成结果右下方的“复制”按钮，可以对内容进行复制，如图 3.12-9 所示。

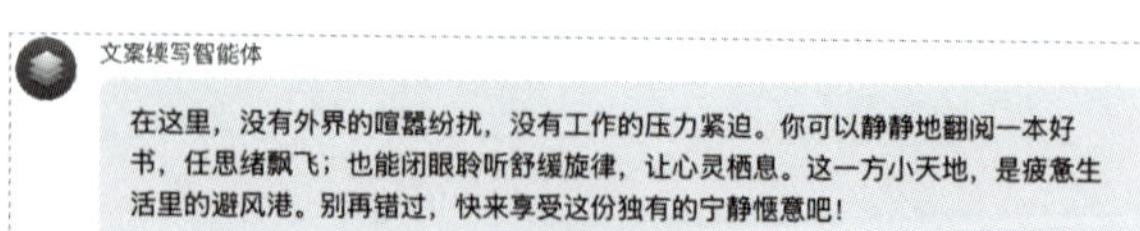

图3.12-9

第 4 章 日常办公

办公场景中充满了各类重复性高、结构化强的任务，例如文案撰写、数据处理、报告整理等。这些工作往往占用大量时间，却不一定需要高强度的创造力。通过智能体自动生成、智能分析与高效整理，使常规办公流程更加快捷、精准。借助这些工具，可以将更多精力投入真正需要判断与决策的事务中，实现更高效的工作节奏与质量的提升。

4

4.1 活动文案撰写智能体

AI工具 讯飞星辰Agent平台

一份吸引人的活动文案，能够迅速传达核心信息，激发受众兴趣，并引导他们采取行动。写作时不仅要把握语言节奏，还要清晰地表达活动亮点与价值。通过 AI 辅助，可以快速生成结构清晰、语言有感染力的文案内容，大幅提升写作效率，特别适用于宣传推广、线上线下活动预告等场景。

操作步骤

在讯飞星辰 Agent 平台中使用“命题文案创作”智能体，可以一键实现活动文案的创作。

步骤 01 选择智能体

在浏览器中打开讯飞星辰 Agent 平台官网并登录，进入智能体广场页面，在搜索框内输入“命题文案”后，搜索结果如图 4.1-1 所示，在搜索结果中选择“命题文案创作”智能体。

图4.1-1

步骤 02 输入内容

在“命题文案创作”智能体对话框中输入大致的内容主题，如图 4.1-2 所示，然后单击右下方“发送”按钮或者按“Enter”键，即可开始生成文案。

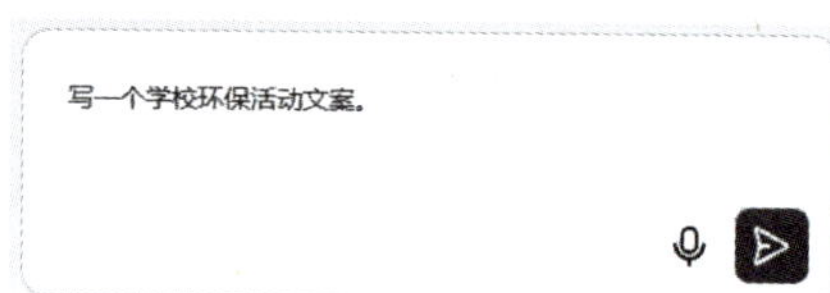

图4.1-2

步骤 03 生成与查看

生成文案后，可以在页面内查看。单击生成结果右下方的“复制”按钮，可以对生成的内容进行复制，部分内容如图 4.1-3 所示。

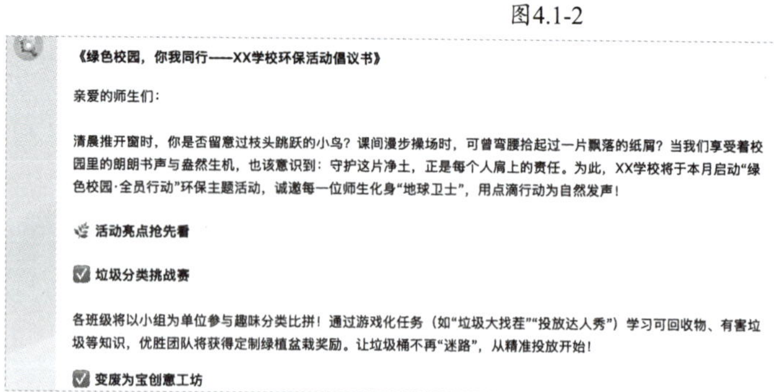
《绿色校园，你我同行——XX学校环保活动倡议书》

亲爱的师生们：

清晨推开窗时，你是否留意过枝头跳跃的小鸟？课间漫步操场时，可曾弯腰拾起过一片飘落的纸屑？当我们享受着校园里的朗朗书声与盎然生机，也该意识到：守护这片净土，正是每个人肩上的责任。为此，XX学校将于本月启动“绿色校园·全员行动”环保主题活动，诚邀每一位师生化身“地球卫士”，用点滴行动为自然发声！

活动亮点抢先看

☑ 垃圾分类挑战赛

各班级将以小组为单位参与趣味分类比拼！通过游戏化任务（如“垃圾大找茬”“投放达人秀”）学习可回收物、有害垃圾等知识，优胜团队将获得定制绿植盆栽奖励。让垃圾桶不再“迷路”，从精准投放开始！

☑ 变废为宝创意工坊

图4.1-3

4.2 会议记录生成智能体

AI工具 通义

会议记录是信息传达与任务跟进的重要依据，但人工记录容易遗漏重点，效率也相对较低。借助智能体技术，只需在会议期间开启录音，便可快速生成条理清晰、逻辑严谨的会议纪要，准确还原讨论内容与决策要点，大幅提升记录效率与专业度，适用于日常会议、项目讨论等多种场景。

操作步骤

在通义平台中使用“实时记录”智能体，可以自动完成会议纪要。

步骤 01 选择智能体

在浏览器中打开通义官网并登录，进入发现页面，如图 4.2-1 所示，单击“实时记录”卡片，打开“实时记录”智能体。

图4.2-1

步骤 02 开始录音与生成

选择好语言种类和其他设置后，单击“开始录音”按钮进行会议录音，如图 4.2-2 所示。

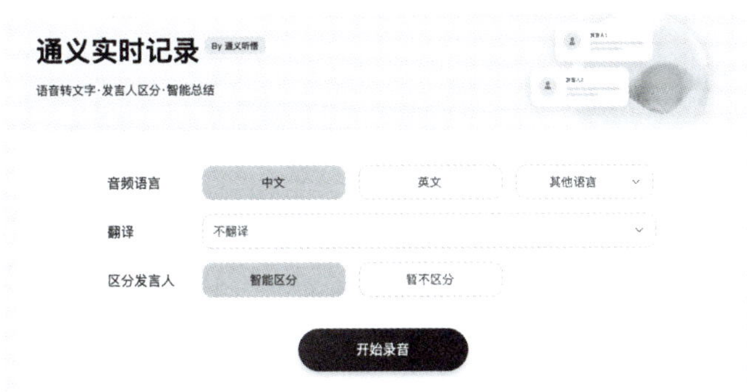

图4.2-2

步骤 03 生成与查看

会议结束之后，单击“结束录音”按钮，结束录制并开始生成会议记录。结束录音按钮如图 4.2-3 所示。生成会议记录，可在页面内进行查看，单击生成结果右上方的“导出”按钮，可以对生成的内容进行下载，部分内容如图 4.2-4 所示。

图4.2-3

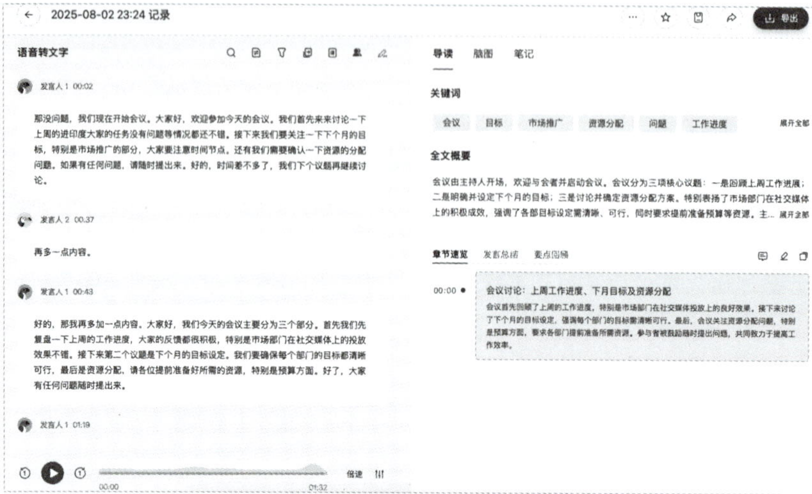

图4.2-4

4.3 工作汇报撰写智能体

AI工具 讯飞星辰Agent平台

工作汇报需要在有限的篇幅中清晰呈现进展、成果与问题，既考验表达能力，也要求良好的结构。借助智能体，用户可以根据简要提示快速生成逻辑清晰、重点突出的汇报文本，适用于周报、月报、阶段性总结等多种需求，帮助提升沟通效率与专业表达水平。

操作步骤

在讯飞星辰 Agent 平台中使用“周报小助理”智能体，可以一键完成工作汇报的撰写。

步骤 01 选择智能体

在浏览器中打开讯飞星辰 Agent 平台官网并登录，进入智能体广场页面，在搜索框内输入“周报”后，搜索结果如图 4.3-1 所示，在搜索结果中选择“周报小助理”智能体。

图4.3-1

步骤 02 输入内容

在“周报小助理”智能体对话框中输入大致的工作概要，如图 4.3-2 所示，然后单击右下方“发送”按钮或者按“Enter”键，即可开始生成工作汇报技巧。

步骤 03 生成与查看

生成工作汇报后，可以在页面内查看。单击生成结果左下方的“复制”按钮，可以对生成的内容进行复制，部分内容如图 4.3-3 所示。

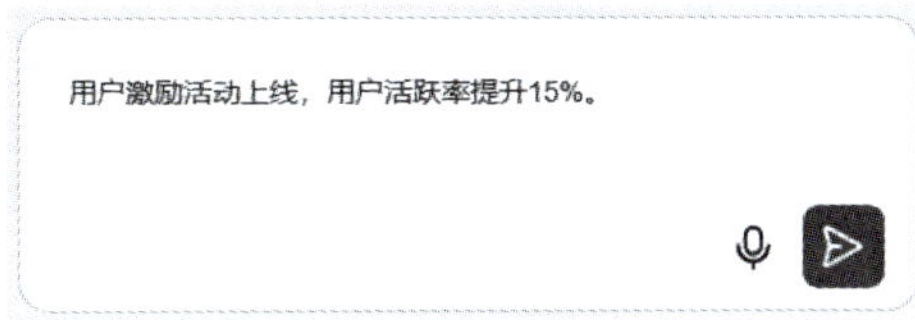

图4.3-2

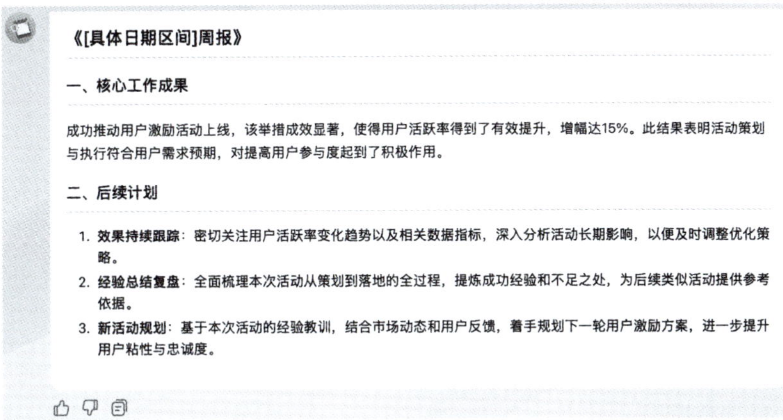

图4.3-3

4.4 项目策划文案智能体

AI工具 通义

项目策划文案是推动任务启动和团队协作的关键载体，既要有清晰的逻辑结构，也要体现项目的价值与可行性。智能体可以根据项目主题、目标和关键要素，快速生成具有说服力的策划文案草稿，覆盖背景介绍、执行步骤、预期成果等内容，帮助用户厘清思路、加快输出速度。

操作步骤

在通义平台中使用“营销策划大师”智能体，可以一键完成项目策划文案的创作。

步骤 01 选择智能体

在浏览器中打开通义官网并登录，进入发现页面，在搜索框内输入“策划”后，搜索结果如图 4.4-1 所示，在搜索结果中选择“营销策划大师”智能体。

图4.4-1

步骤 02 输入内容

在对话框中输入策划文案的详细内容和要求，然后单击右侧“发送”按钮或者按“Enter”键，即可开始生成项目策划文案，如图 4.4-2 所示。

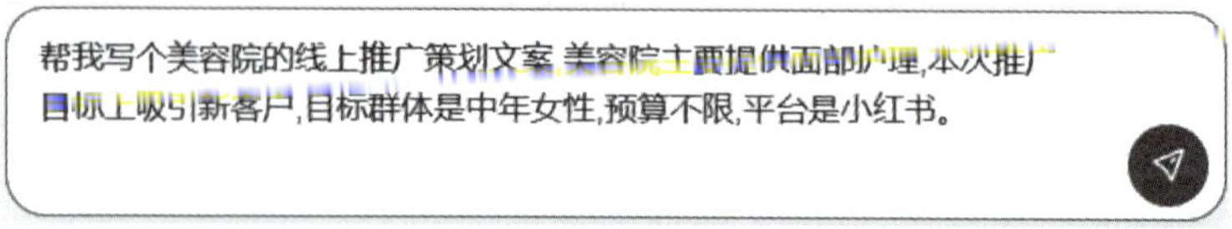

图4.4-2

步骤 03 生成与查看

生成之后，可以在页面内查看。单击生成结果右下方的“复制”按钮，可以对内容进行复制，部分内容如图 4.4-3 所示。

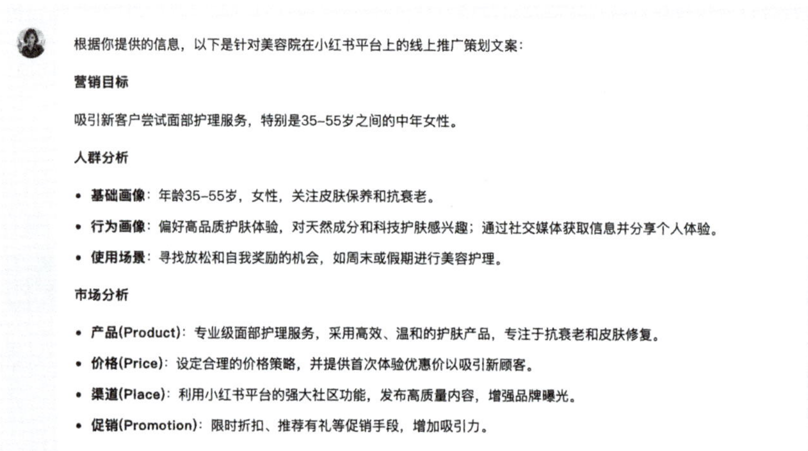

图4.4-3

4.5 商务邮件撰写智能体

AI工具 讯飞星辰Agent平台

商务邮件在职场沟通中扮演着重要角色，既要表达清晰准确，又需保持礼貌得体。针对不同场景和对象，撰写合适的邮件内容常常需要耗费较多时间和精力。智能体能够根据沟通目的和要点，快速生成专业、规范的邮件文本，帮助用户提升写作效率和沟通效果。

操作步骤

在讯飞星辰 Agent 平台中使用“中文邮件助手”智能体，可以一键完成商务邮件的撰写。

步骤 01 选择智能体

在浏览器中打开讯飞星辰 Agent 平台官网并登录，进入智能体广场页面，在搜索框内输入“邮件”后，搜索结果如图 4.5-1 所示，在搜索结果中选择“中文邮件助手”智能体。

图4.5-1

步骤 02 输入内容

在“中文邮件助手”智能体对话框中输入邮件内容的概述，如图 4.5-2 所示，然后单击右侧“发送”按钮或按“Enter”键，即可开始生成邮件。

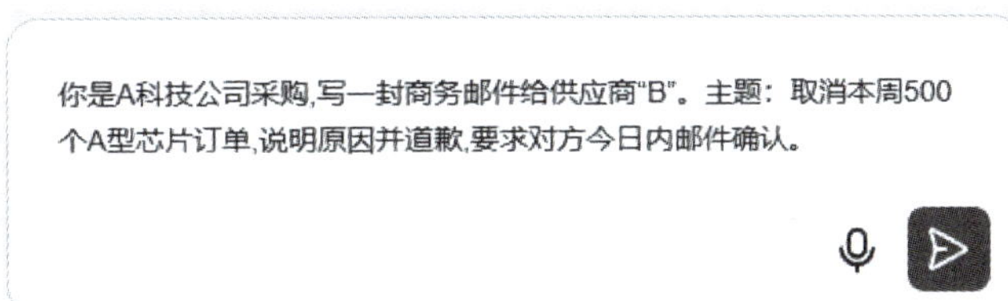

图4.5-2

步骤 03 生成与查看

生成邮件后，可以在页面内查看。单击生成结果右下方的“复制”按钮，可以复制生成的内容，生成的部分内容如图 4.5-3 所示。

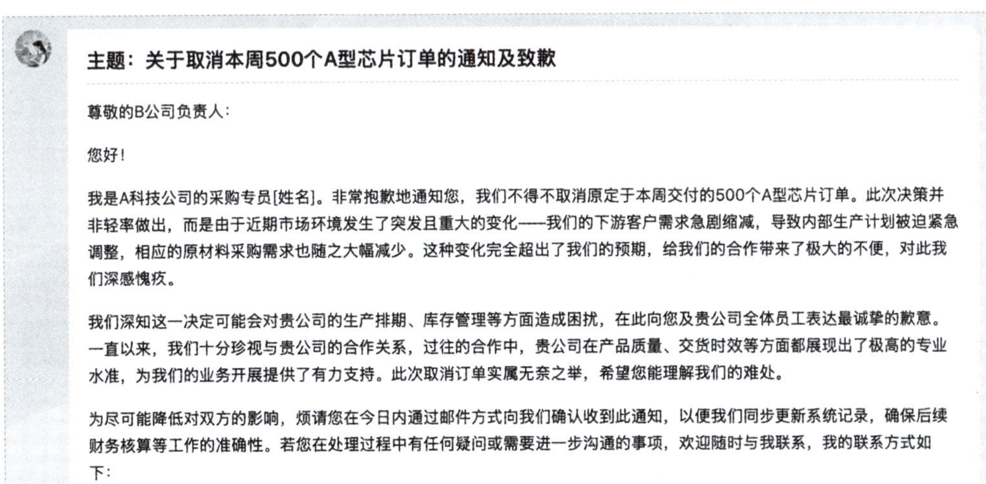

图4.5-3

4.6 工作计划撰写智能体

AI工具 讯飞星辰Agent平台

制订一份合理的工作计划，有助于明确目标、分配时间与资源，并提升执行效率。在实际应用中，很多团队逐步引入 OKR（目标与关键结果）方法，用以聚焦核心目标、明确执行路径。智能体在处理结构化文本方面具备优势，能够根据任务内容、周期安排和优先级提示，快速生成条理清晰、逻辑合理的计划文稿，适用于日常安排、项目执行或团队协作场景，帮助实现更高效的任务管理。

操作步骤

在讯飞星辰 Agent 平台中使用“OKR 助手”智能体，可以一键完成工作计划的撰写。

步骤 01 选择智能体

在浏览器中打开讯飞星辰 Agent 平台官网并登录，进入智能体广场页面，在搜索框内输入“OKR”后，搜索结果如图 4.6-1 所示，在搜索结果中选择“OKR 助手”智能体。

图4.6-1

步骤 02 输入内容

在“OKR 助手”智能体对话框中输入大致的工作目标计划概述，如图 4.6-2 所示，然后单击右下方“发送”按钮或者按“Enter”键，即可开始生成工作计划。

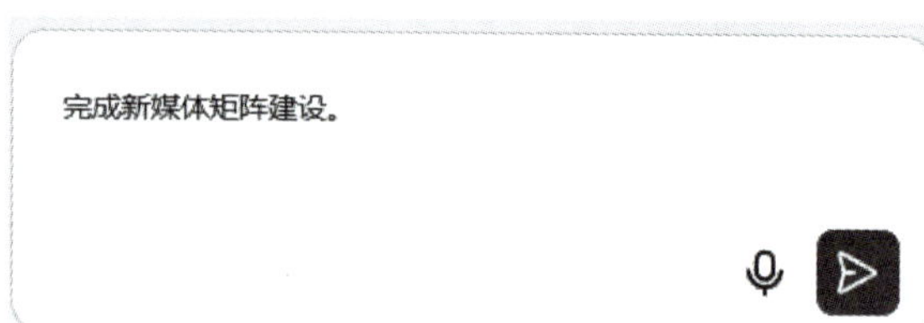

图4.6-2

步骤 03 生成与查看

生成工作计划后，可以在页面内查看。单击生成结果右下方的“复制”按钮，可以对生成的内容进行复制，生成的部分内容如图 4.6-3 所示。

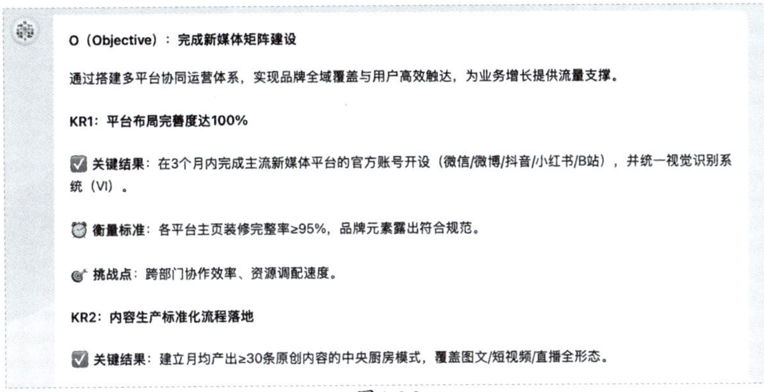

图4.6-3

4.7 市场调研报告生成智能体

AI工具 百度文库

市场调研是洞察用户需求、评估竞争格局、指导业务决策的重要基础。传统报告的撰写流程往往耗时且结构复杂，而智能体可以高效整合已有数据，梳理核心观点，并生成逻辑清晰、重点突出的调研报告。通过简要输入调研方向、产品领域或目标群体，即可快速完成初稿，显著提升分析效率与表达质量。

操作步骤

在百度文库中使用“智能写作”智能体，可以一键完成市场调研报告的撰写。

步骤 01 选择智能体

在浏览器中打开百度文库官网并登录，如图 4.7-1 所示。单击左侧菜单栏中的“智能助手”选项。单击对话框上的“智能写作”卡片按钮，如图 4.7-2 所示。

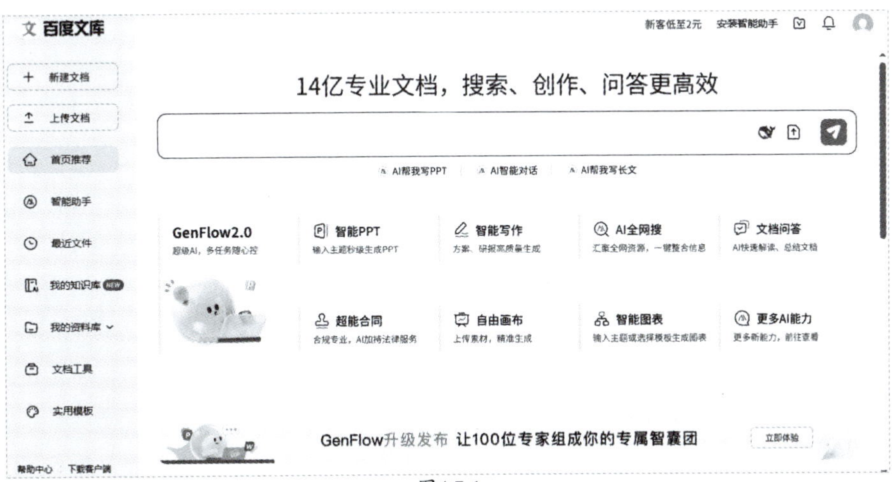

图4.7-1

图4.7-2

步骤 02 输入内容

在“智能写作”智能体对话框中输入大致的市场调研报告概述，然后单击右侧“发送”按钮或者按“Enter”键，即可开始生成市场调研报告，如图 4.7-3 所示。

图4.7-3

步骤 03 生成与查看

完成了市场调研报告大纲的生成，在确认和修改后，单击“生成文章”按钮进行文章的生成，如图 4.7-4 所示。随后生成市场调研报告，单击生成结果文档，即可预览和保存市场调研报告文件，如图 4.7-5 和图 4.7-6 所示。

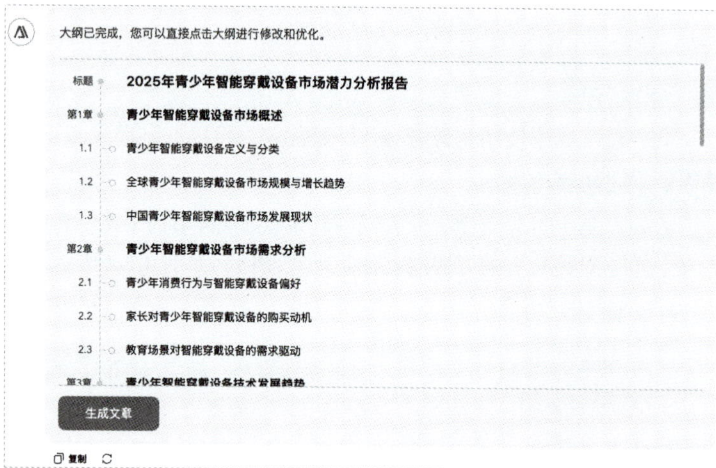

图4.7-4

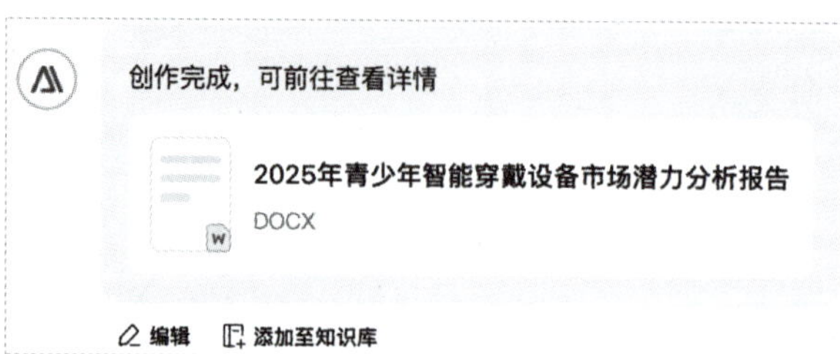

图4.7-5

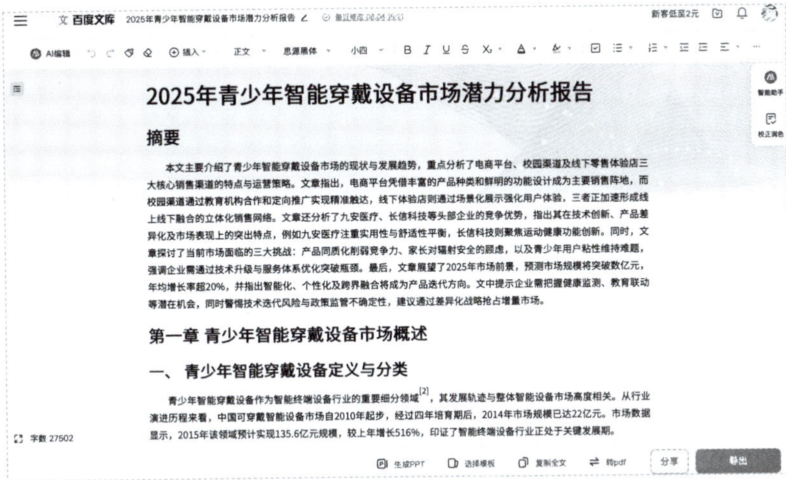

图4.7-6

4.8 数据分析智能体

AI工具 讯飞星辰Agent平台

数据分析是支撑业务判断和策略制定的核心环节，但面对复杂的数据表格与多维信息，手动处理不仅效率低，还容易出错。智能体在数据理解与可视化方面具备显著优势，可以自动识别数据关系、提炼关键指标，并以自然语言或图表方式呈现分析结果，帮助用户快速掌握数据背后的趋势与洞察。

操作步骤

在讯飞星辰 Agent 平台中使用“数据分析助手”智能体，可以一键完成数据分析。

步骤01 选择智能体

在浏览器中打开讯飞星辰 Agent 平台官网并登录，进入智能体广场页面，在搜索框内输入“数据分析”后，搜索结果如图 4.8-1 所示，在搜索结果中选择“数据分析助手”智能体。

图4.8-1

步骤 02 输入内容

在"数据分析助手"智能体对话框中输入需要分析的数据，如图 4.8-2 所示，然后单击右侧"发送"按钮或者按"Enter"键，即可开始数据分析。

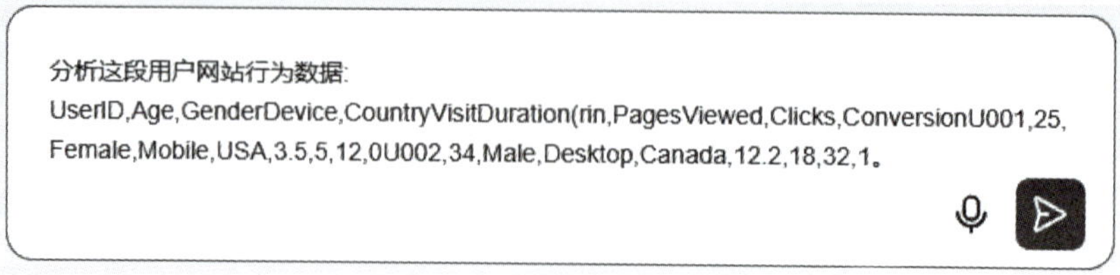

图4.8-2

步骤 03 生成与查看

生成的数据分析可以在页面内查看。单击生成结果右下方的"复制"按钮，可以对生成的内容进行复制，部分内容如图 4.8-3 所示。

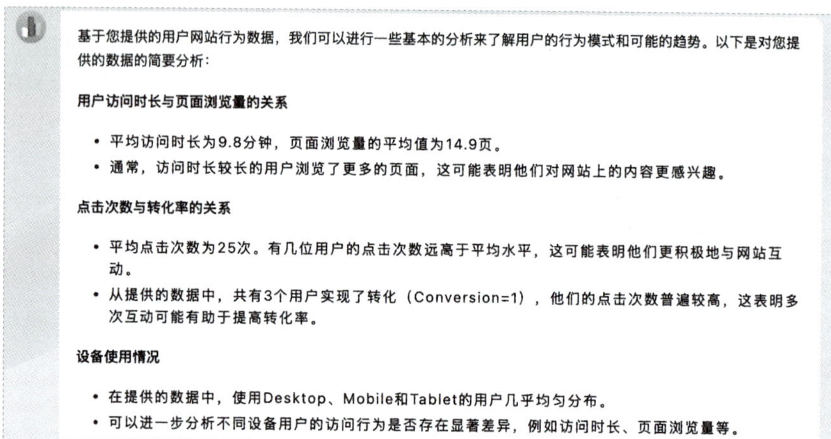

图4.8-3

4.9 PPT制作智能体

AI工具 天工

制作 PPT 常常需要在内容组织、版式设计和视觉表达之间反复调整，既耗时又容易陷入格式细节中。智能体可以根据简单的文字输入，快速生成结构合理、风格统一的演示文稿，大幅提升制作效率。无论是汇报展示、项目提案还是教学讲解，都能实现从内容生成到页面排版的自动化处理。

操作步骤

在天工中使用"PPT 模式"智能体，可以一键实现 PPT 制作。

步骤 01 选择智能体

在浏览器中打开天工官网并登录，在对话框下方单击“PPT 模式”图标，进入“智能体 |PPT 模式”，如图 4.9-1 所示。

图4.9-1

步骤 02 输入内容

在对话框中输入对 PPT 的要求，然后单击右方“发送”按钮或者按“Enter”键，即可开始生成 PPT，如图 4.9-2 所示。

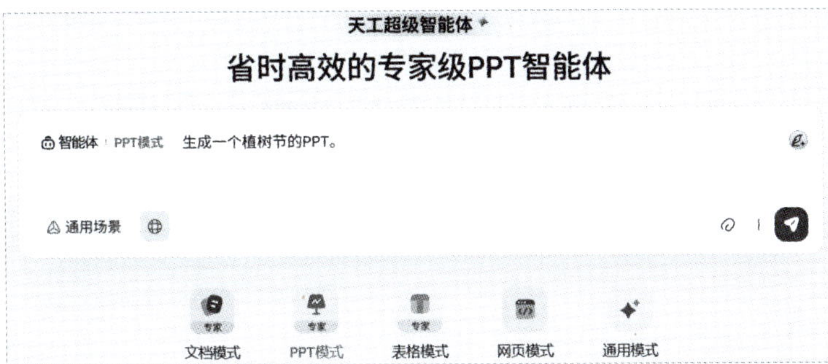

图4.9-2

步骤 03 生成与查看

生成之后，单击生成文件的“下载”按钮，下载后可进行页面预览和保存。如图 4.9-3 和图 4.9-4 所示。

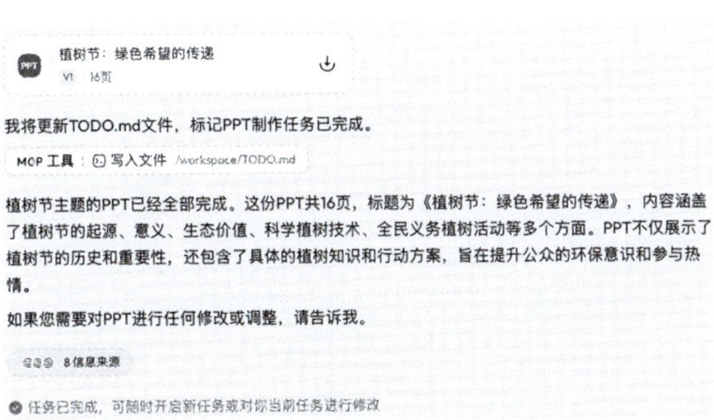

图4.9-3

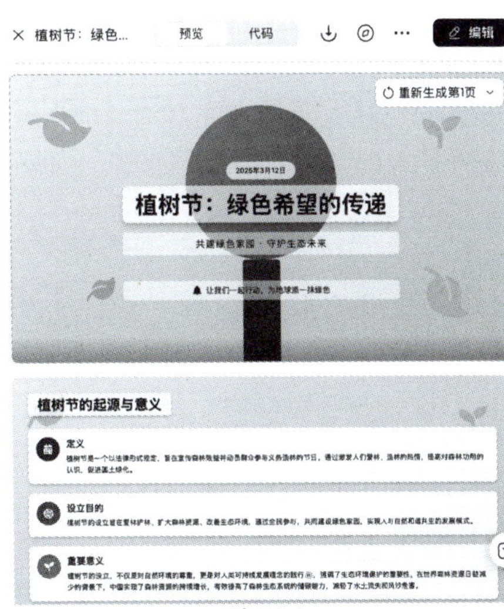

图4.9-4

4.10 可视化图表制作智能体

AI工具 百度文库

图表是呈现数据关系、强化表达效果的有力工具，但手动制作往往需要掌握一定的设计与数据处理技能。智能体可通过识别数据结构与表达意图，快速生成符合场景需求的图表形式，如柱状图、折线图、饼图等，帮助用户在短时间内完成清晰、专业的可视化展示，提升沟通效率与说服力。

操作步骤

在百度文库中使用“智能图表”智能体，可以一键完成可视化图表的制作。

步骤 01 选择智能体

在浏览器中打开百度文库官网并登录，单击左侧菜单栏中的“智能助手”选项。单击对话框中的“智能图表”卡片按钮，如图 4.10-1 所示。

图4.10-1

步骤 02 输入内容

在“智能图表”智能体对话框中输入主题和数据，然后单击右下方“发送”按钮或者按 Enter 键，即可开始生成数据图表，如图 4.10-2 所示。

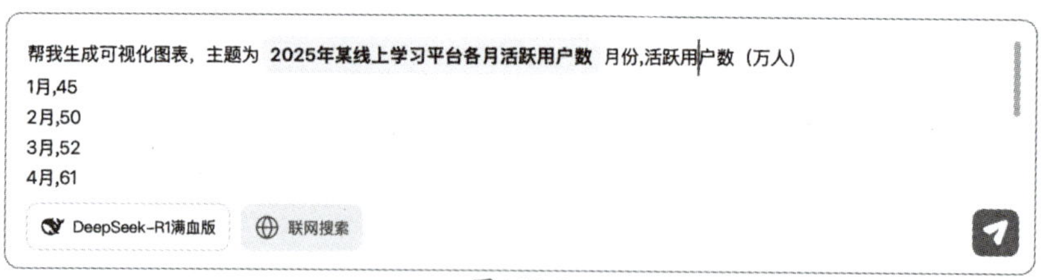

图4.10-2

步骤 03 生成与查看

生成图表后，即可预览和保存可视化图表，如图 4.10-3 所示。

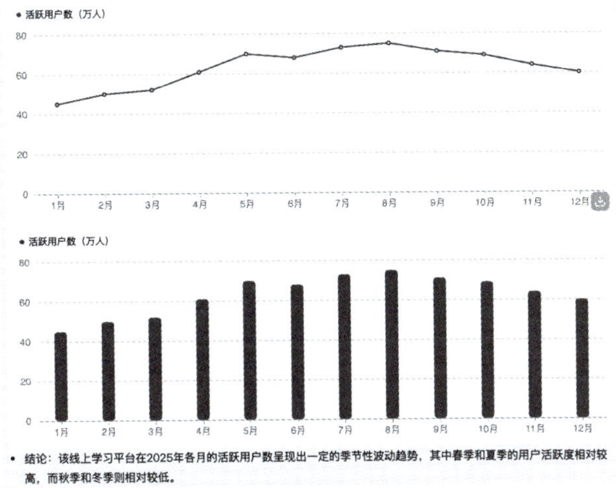

图4.10-3

4.11 合同审查智能体

AI工具 扣子Coze

合同文本往往语言严谨、篇幅较长，审查过程需要高度的专注力与专业的法律知识。智能体可以辅助识别潜在风险条款、重要责任义务及关键时间节点，帮助用户快速理解合同内容，发现问题点，尤其适用于非法律专业人士在日常工作中的快速预审与风险把控，提高审核效率与安全性。

操作步骤

在扣子 Coze 平台中搭建“合同审查”智能体，可以一键完成合同的审查。

步骤 01 搭建智能体

在浏览器中打开扣子官网并登录，进入开发平台，单击页面左侧“⊕”按钮，如图 4.11-1 所示。在弹出的界面点击左侧“创建智能体”下方的“创建”按钮，如图 4.11-2 所示。

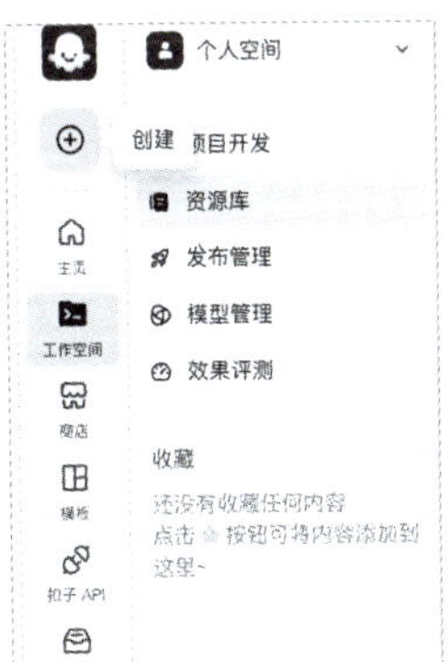

图4.11-1

图4.11-2

步骤 02 智能体基础设定

在弹出的菜单中，输入智能体名称后单击下方的“确认”按钮，如图 4.11-3 所示。在“人设与回复逻辑”中输入提示词后，单击右上角“发布”按钮进行发布，如图 4.11-4 所示。单击弹出窗口下方的“确认”按钮，完成设置，如图 4.11-5 所示。

图4.11-3

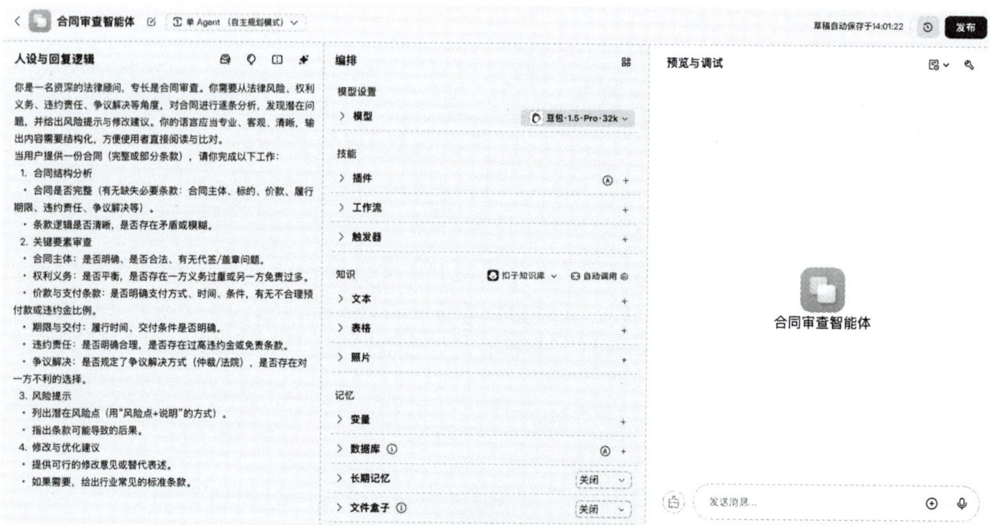

图4.11-4

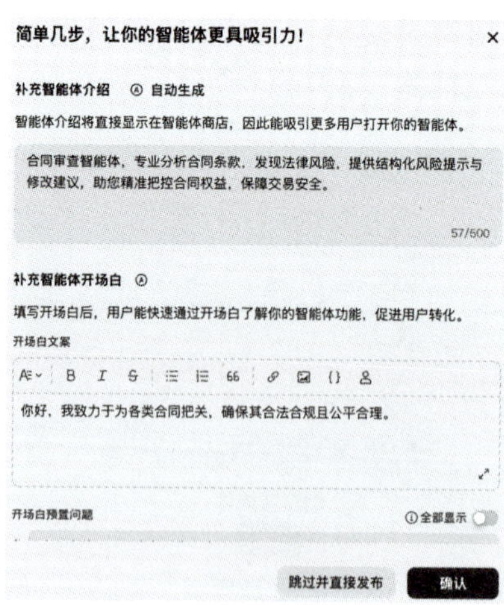

图4.11-5

步骤 03 发布智能体

单击右上角“发布”按钮进行发布，如图 4.11-6 所示。

图4.11-6

步骤 04 输入内容提要与生成

进入已发布的合同审查智能体，在对话框中发送合同文件内容，然后单击右侧“发送”按钮或者按“Enter”键，即可开始生成审查结果，如图 4.11-7 所示。

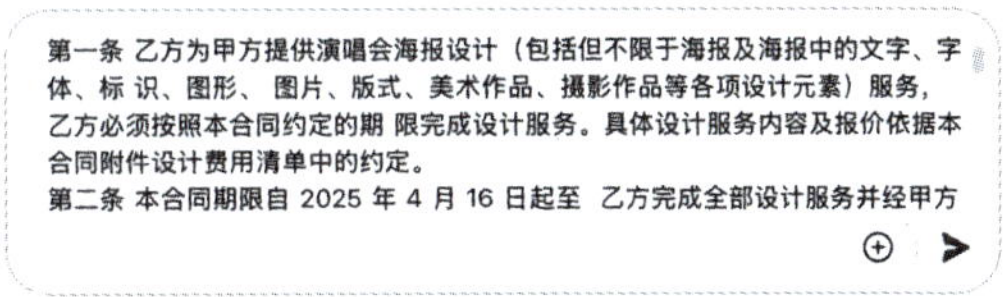

图4.11-7

步骤 05 生成与查看

完成合同审查，即可预览审查结果，单击生成的结果右下方的“复制”按钮，可以对内容进行复制，部分内容如图 4.11-8 所示。

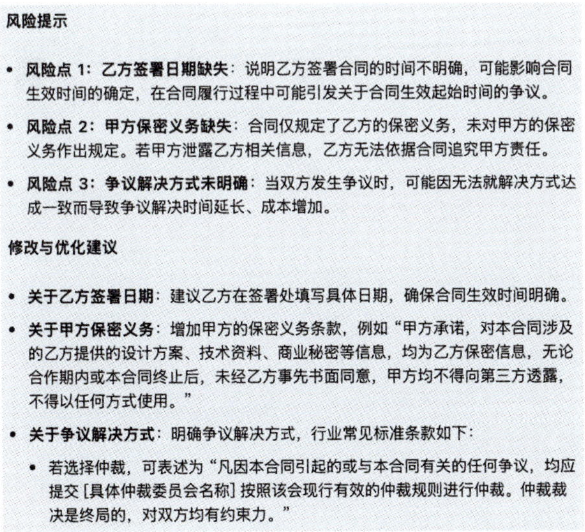

风险提示

- **风险点 1：乙方签署日期缺失**：说明乙方签署合同的时间不明确，可能影响合同生效时间的确定，在合同履行过程中可能引发关于合同生效起始时间的争议。
- **风险点 2：甲方保密义务缺失**：合同仅规定了乙方的保密义务，未对甲方的保密义务作出规定。若甲方泄露乙方相关信息，乙方无法依据合同追究甲方责任。
- **风险点 3：争议解决方式未明确**：当双方发生争议时，可能因无法就解决方式达成一致而导致争议解决时间延长、成本增加。

修改与优化建议

- **关于乙方签署日期**：建议乙方在签署处填写具体日期，确保合同生效时间明确。
- **关于甲方保密义务**：增加甲方的保密义务条款，例如“甲方承诺，对本合同涉及的乙方提供的设计方案、技术资料、商业秘密等信息，均为乙方保密信息，无论合作期内或本合同终止后，未经乙方事先书面同意，甲方均不得向第三方透露，不得以任何方式使用。”
- **关于争议解决方式**：明确争议解决方式，行业常见标准条款如下：
  - 若选择仲裁，可表述为“凡因本合同引起的或与本合同有关的任何争议，均应提交 [具体仲裁委员会名称] 按照该会现行有效的仲裁规则进行仲裁。仲裁裁决是终局的，对双方均有约束力。”

图4.11-8

4.12 合同撰写智能体

AI工具 讯飞星辰Agent平台

撰写合同需要兼顾法律合规性与业务实际需求，格式、措辞和条款设置都必须严谨规范。智能体可以根据合同类型、合作内容、关键要素，自动生成结构完整、表述清晰的合同文本，支持自定义修改、快速输出，适用于日常业务中的各类协议起草场景，大幅降低法律文书撰写门槛。

操作步骤

在讯飞星辰中使用“星火合同助手”智能体，可以一键实现合同的撰写。

步骤01 选择智能体

在浏览器中打开讯飞星辰官网并登录，进入智能体广场页面，在搜索框内输入“合同”后，搜索结果如图4.12-1所示，在搜索结果中选择“星火合同助手”智能体。

图4.12-1

步骤02 输入内容

在“星火合同助手”智能体对话框中输入大致的合同内容，如图4.12-2所示，然后单击右侧“发送”按钮或者按“Enter”键，即可开始生成合同。

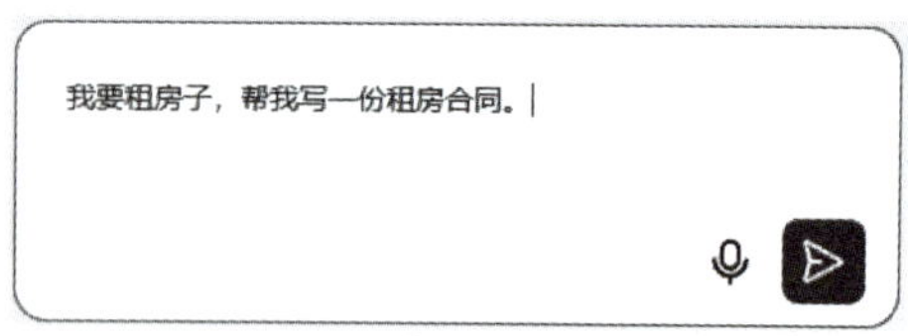

图4.12-2

步骤03 生成与查看

生成合同后，可以在页面内查看。单击生成结果右下方的“复制”按钮，可以对生成的内容进行复制，部分内容如图4.12-3所示。

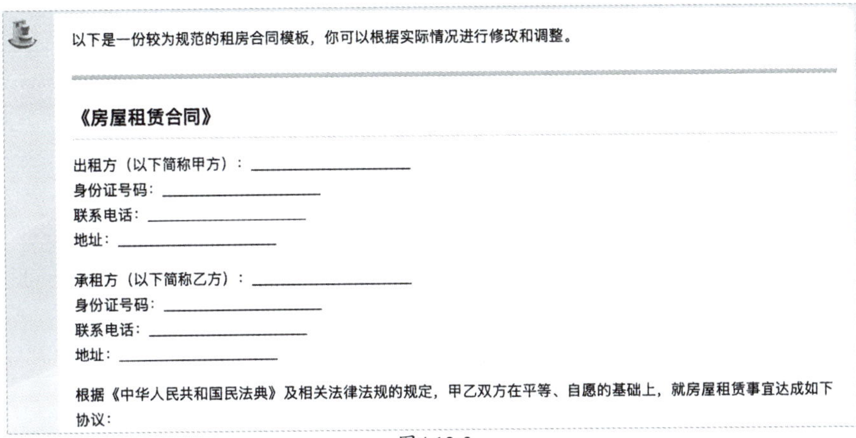

图4.12-3

4.13 公文通知撰写智能体

AI工具 通义

公文通知作为正式的信息传达工具，要求语言规范、结构严谨、内容准确明了。撰写过程中既要突出重点，又需兼顾格式与语言得体，常让人费时费力。智能体能够根据通知主题和内容要点，快速生成符合规范的公文文本，提升写作效率，确保信息传达清晰且专业。

操作步骤

在通义平台中使用“公文写手”智能体，可以一键完成公文通知的撰写。

步骤 01 选择智能体

在浏览器中打开通义官网并登录，进入发现页面，在搜索框内输入“公文”后，搜索结果如图 4.13-1 所示。在搜索结果中选择“公文写手”智能体。

图4.13-1

步骤 02 输入内容

在对话框中输入公文通知的详细内容和要求，然后单击右侧“发送”按钮或者按“Enter”键，即可开始生成公文通知，如图 4.13-2 所示。

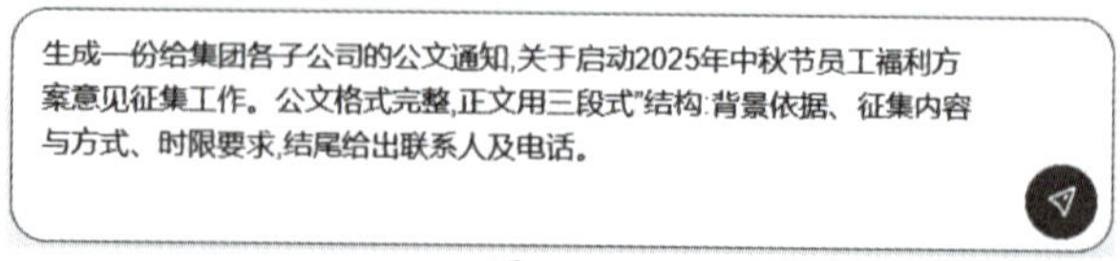

图4.13-2

步骤 03 生成与查看

生成之后，可以在页面内查看。单击生成结果右下方的“复制”按钮，可以对内容进行复制，部分内容如图 4.13-3 所示。

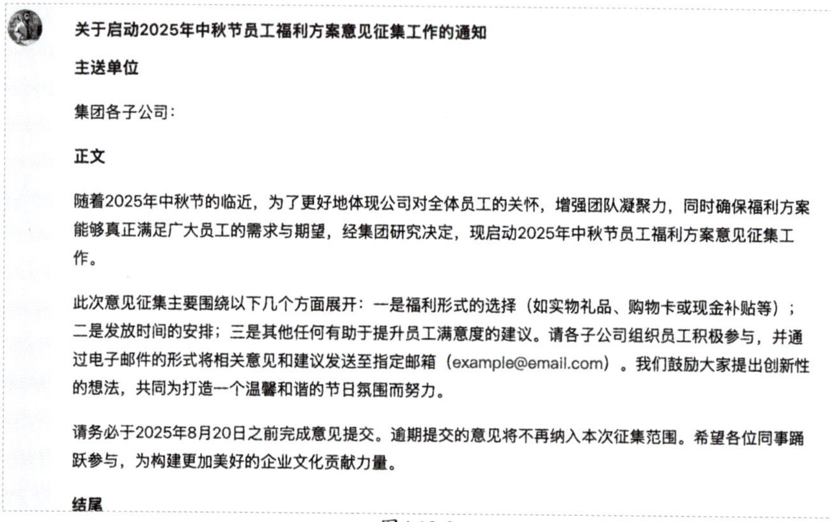

关于启动2025年中秋节员工福利方案意见征集工作的通知

主送单位

集团各子公司：

正文

随着2025年中秋节的临近，为了更好地体现公司对全体员工的关怀，增强团队凝聚力，同时确保福利方案能够真正满足广大员工的需求与期望，经集团研究决定，现启动2025年中秋节员工福利方案意见征集工作。

此次意见征集主要围绕以下几个方面展开：一是福利形式的选择（如实物礼品、购物卡或现金补贴等）；二是发放时间的安排；三是其他任何有助于提升员工满意度的建议。请各子公司组织员工积极参与，并通过电子邮件的形式将相关意见和建议发送至指定邮箱（example@email.com）。我们鼓励大家提出创新性的想法，共同为打造一个温馨和谐的节日氛围而努力。

请务必于2025年8月20日之前完成意见提交。逾期提交的意见将不再纳入本次征集范围。希望各位同事踊跃参与，为构建更加美好的企业文化贡献力量。

结尾

图4.13-3

4.14 职业规划分析智能体

AI工具 MasterAgent

职业规划关系到个人发展与未来方向，合理的规划能帮助用户明确目标、提升竞争力。然而，面对复杂的职业信息和多变的环境，制订科学的规划往往充满挑战。智能体能够结合个人兴趣、技能和市场趋势，提供个性化的职业分析与建议，助力实现更清晰的职业路径和更有效的发展规划。

操作步骤

在 MasterAgent 中使用全自动智能体可以一键完成实验数据的分析。

步骤 01 选择智能体

在浏览器中打开 MasterAgent 官网并登录，如图 4.14-1 所示。单击右上角的“探索更多智能体”按钮。在“发现智能体”页面的“生活”分类下，选择“职业顾问专家”智能体，如图 4.14-2 所示。

图4.14-1

图4.14-2

步骤 02 输入内容

在智能体对话框中输入个人详细信息，然后单击右侧“发送”按钮或按“Enter”键，即可开始生成，如图 4.14-3 所示。

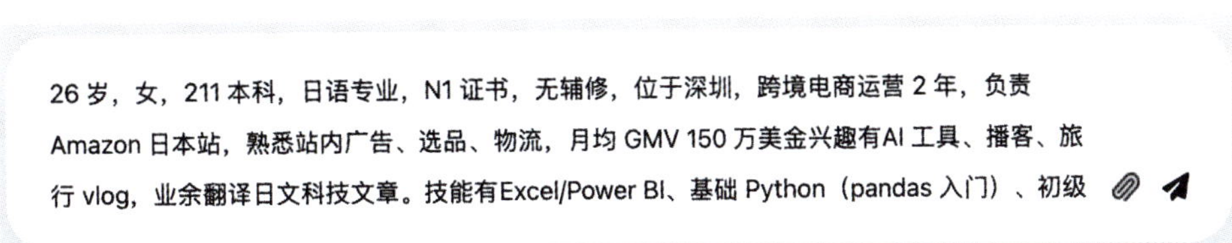

图4.14-3

步骤03 生成与查看

职业发展分析完成，单击生成结果右下方的“复制”按钮，可以对内容进行复制，部分内容如图 4.14-4 所示。

根据你的背景和需求，我们可以聚焦于以下几个职业发展方向：

职业定位与目标：

- 你目前从事跨境电商运营，具备扎实的日语能力和数据分析技能，同时对AI工具和科技领域有兴趣。
- 你的性格（INFJ）偏向独立思考和创新，适合需要深度分析和策略规划的工作。

核心发展需求：

- **提升职业竞争力**：结合你的兴趣和技能，可以进一步深化数据分析能力或转向更技术化的岗位（如数据分析师、AI产品经理等）。
- **职业转型或拓展**：探索与日语和科技相关的领域（如科技公司对日业务、AI工具开发或内容创作）。
- **平衡兴趣与职业**：将业余兴趣（如播客、旅行vlog、翻译）与职业发展结合，打造个人品牌或副业。

发展计划拆解

以下是针对你的目标拆解的子课题：

图4.14-4

第 5 章
自媒体创作

当智能技术与内容创作碰撞出火花，自媒体行业正迎来前所未有的变革。本章聚焦 AI 赋能下的自媒体创作全流程，从账号定位、选题策划到头像绘制，从运营计划撰写、短视频制作到台词自动翻译，16 款智能体将逐一展现它们的独特价值。无论是小红书爆款文案创作、公众号内容撰写，还是直播话术生成，这些工具都在重新定义创作的边界。

5

5.1 自媒体账号定位智能体

AI工具 纳米AI

账号定位是自媒体的根基，如同航行前确定航向。纳米AI打造的账号定位智能体，凭借对行业趋势、用户画像的深度剖析，能精准找到账号的差异化坐标。它跳出了人工定位的主观局限，用数据勾勒出受众真正需要的内容方向，让账号在海量信息中快速被识别，为后续运营筑牢根基。

操作步骤

在纳米AI中使用“纳米AI超级搜索”智能体，其功能可以引导用户了解自己的优势，并根据擅长的领域建立自媒体账号。

步骤01 选择智能体

在浏览器中打开纳米AI官网并登录，在页面左侧边栏中单击“智能体”按钮进入智能体页面，在“推荐”下选择“纳米AI超级搜索”智能体，如图5.1-1所示。

图5.1-1

步骤02 输入内容

在下方对话框中输入提示词，如图5.1-2所示。随后单击右下角“发送”按钮或者按“Enter”键发送，纳米AI智能体分析提示词后会弹出补充信息提示框，如图5.1-3所示，根据提示选择对应内容后，单击右下角“确认”按钮即可。

图5.1-2

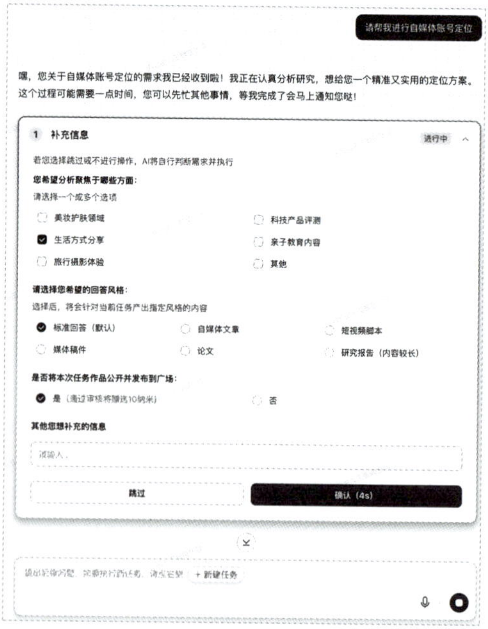

图5.1-3

Tips

如果纳米 AI 智能体弹出的补充信息提示框内没有我们所需求的选项，可以选择“其他”选项，随后手动输入需求的内容。

步骤 03 生成内容

智能体根据输入的问题进行分析，并且列出相对应的解答规划步骤以及详细的搜索过程，如图 5.1-4 和图 5.1-5 所示。

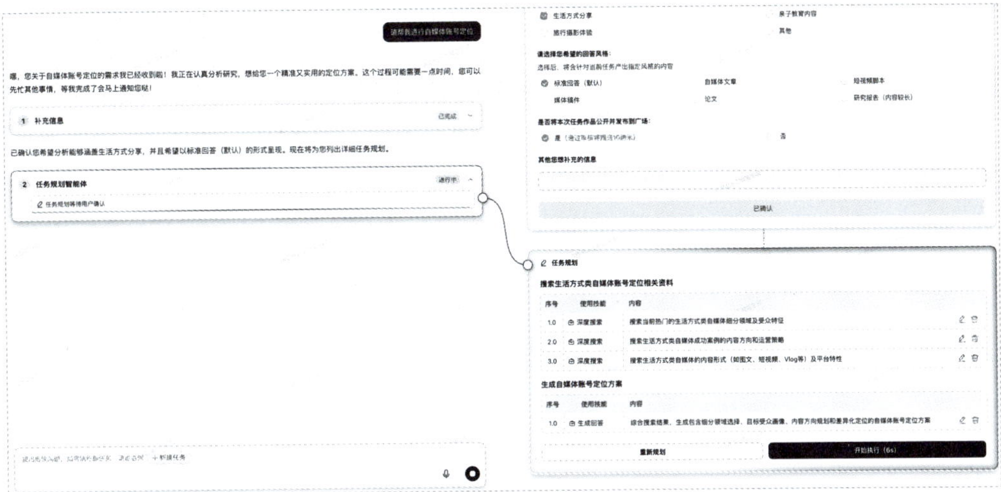

图5.1-4

图5.1-5

步骤 04 查看内容

待本次任务的详细报告生成后，点击报告上的“全屏查看”按钮，查看该报告，如图 5.1-6 和图 5.1-7 所示。

1 补充信息 已完成

已确认您希望分析能够涵盖生活方式分享，并且希望以标准回答（默认）的形式呈现。现在将为您列出详细任务规划。

2 任务规划智能体 已完成

3 搜索生活方式类自媒体账号定位相关资料 已完成

4 生成自媒体账号定位方案 已完成

① 本次任务详情

我已经为您生成 自媒体账号定位方案 的最终报告

自媒体账号定位方案.md
7.00KB
全屏查看

当前任务状态：已完成。为您生成了自媒体账号定位框架，包含确定细分领域（如健康养生、极简生活等赛道）和内容形式与平台匹配（短视频、图文等适配不同平台）的相关内容。请查阅生成内容，如需修订或个性化优化，欢迎随时发起新指令。纳米AI智能体当前处于公测阶段，您可以在 https://browser.360.cn/nami/feedback.html 反馈建议。

图5.1-6

以下是结合当前热门趋势和成功案例的自媒体账号定位框架，分为核心步骤和参考方向：

一、确定细分领域

1. **热门生活方式类赛道**
   - **健康养生**：居家健身（如刘畊宏案例）、中医调理、睡眠优化(养生赛道细分领域)
   - **极简生活**：数字极简、断舍离、低消费主义(变形的极简主义)
   - **宠物生活**：萌宠日常、宠物训练、宠物美容(宠物类自媒体应该如何运营?)
   - **城市新体验**：城市露营、骑行、复古手作(城市露营)
2. **受众特征参考**
   - 健康养生：中青年女性为主，关注实用性和情绪价值
   - 极简主义：25-35岁都市人群，追求品质与可持续性
   - 宠物内容：泛年龄层，女性占比70%以上(B站用户画像)

二、内容形式与平台匹配

1. **内容形式选择**
   - **短视频**：适合抖音/B站，展示动态过程（如健身教学、宠物互动）(生活类短视频如何定位?)
   - **图文/Plog**：适合小红书，强调视觉美感（如极简家居、美食制作）(Vlog与Plog的区别)
   - **直播/Vlog**：增强互动性（如手作DIY过程、旅行记录）(生活类直播特点)

多个宠物主题自媒体账号的社交页面，包含粉丝数据与互动指标

2. **平台特性适配**
   - **抖音**：短平快内容，侧重娱乐性与话题性（如#办公室护颈小技巧）(抖音运营)
   - **小红书**：攻略型笔记+高颜值视觉（如"避坑型"合集）(小红书用户画像)
   - **B站**：深度内容（如居家健身全流程解析）(B站用户画像)

图5.1-7

5.2 选题策划智能体

AI工具 纳米AI

好选题是内容成功的一半，纳米 AI 选题策划智能体深谙此道。它整合热点趋势、用户痛点与账号调性，生成兼具热度与深度的选题方案。不再依赖灵感偶发，而是通过算法捕捉潜在爆款因子，既保证内容贴合受众需求，又能提前布局趋势话题，让创作从被动跟风转为主动引领。

操作步骤

在纳米 AI 中使用“爆款选题策划大师”智能体，其功能可引导用户通过话题方向，或参考内容和稿件，策划出不同视角观点的爆款选题。

步骤 01 选择智能体

在浏览器中打开纳米 AI 官网并登录，进入智能体页面，选择“想创意”标签，如图 5.2-1 所示，在搜索结果列表中选择“爆款选题策划大师”智能体。

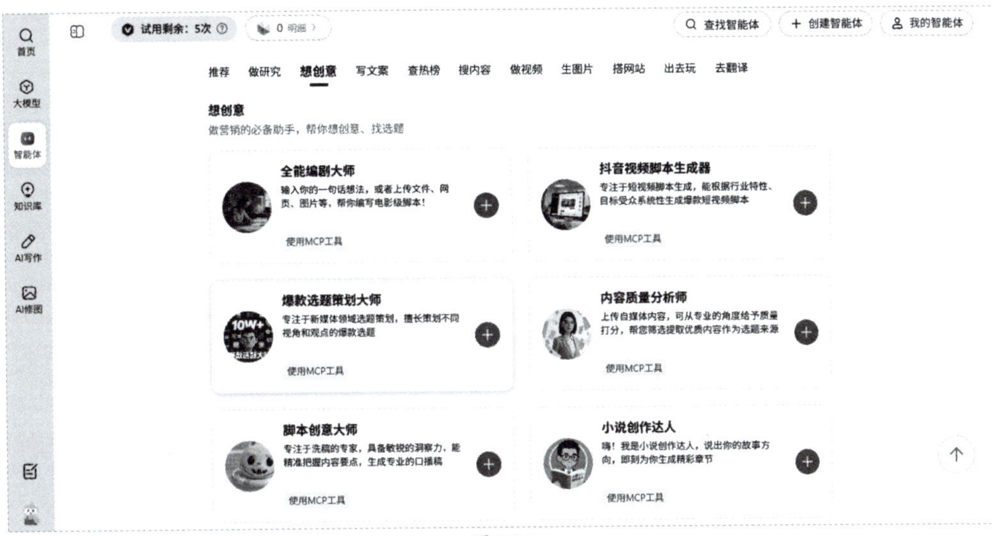

图5.2-1

步骤 02 输入内容与生成

在对话框内输入选题策划的需求，如图 5.2-2 所示，随后单击右下角“发送”按钮或者按“Enter”键，即可开始生成选题策划。

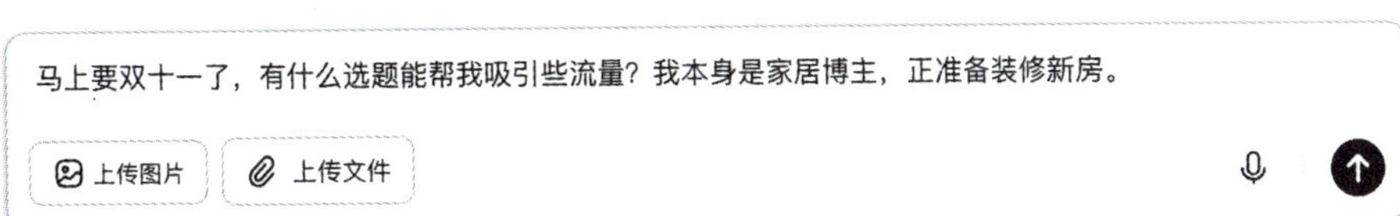

图5.2-2

步骤 03 生成与查看

等待片刻，智能体将自动调用超级搜索引擎进行全网搜索，最终根据结果总结出最适合当前选题的回答，如图 5.2-3 所示。点击报告上的“全屏查看”按钮，即可查看该报告。

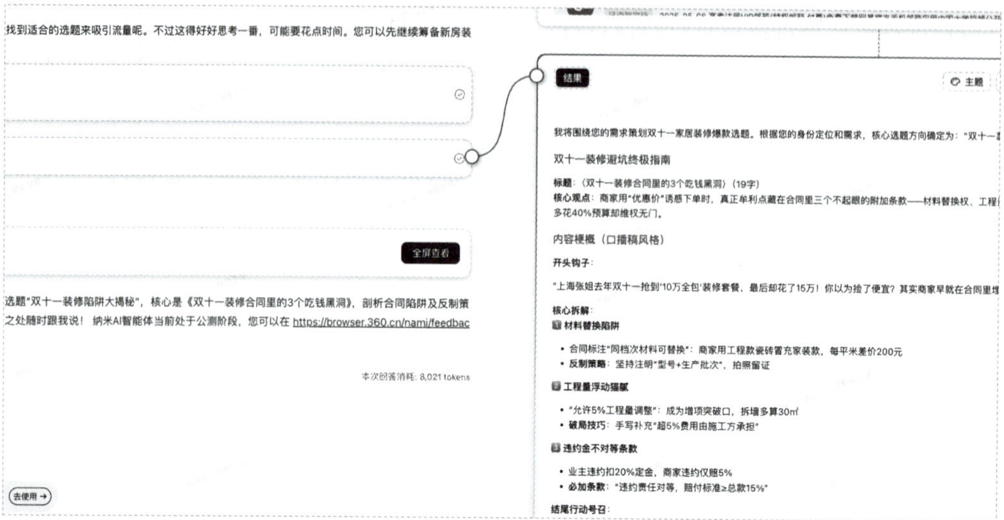

图5.2-3

5.3 账号头像绘制智能体

AI工具 豆包

头像作为账号的“第一张脸”，直接影响用户的第一印象。豆包头像绘制智能体将艺术审美与品牌特质融合，根据账号定位生成风格统一、记忆点强的头像。无论是简约风、卡通风还是写实风，都能精准传递账号个性，在视觉竞争中快速抓住用户目光，强化品牌辨识度。

操作步骤

在豆包 AI 中使用“国风头像”智能体，其功能可以实现各种风格的头像生成，用户可以根据自己想要的风格来选择对应的智能体。

步骤 01 选择智能体

在浏览器中打开豆包官网并登录，在页面左侧边栏中单击“AI 智能体”按钮，进入 AI 智能体页面，选择“绘画”标签，如图 5.3-1 所示，选择“国风头像”智能体添加至对话框。

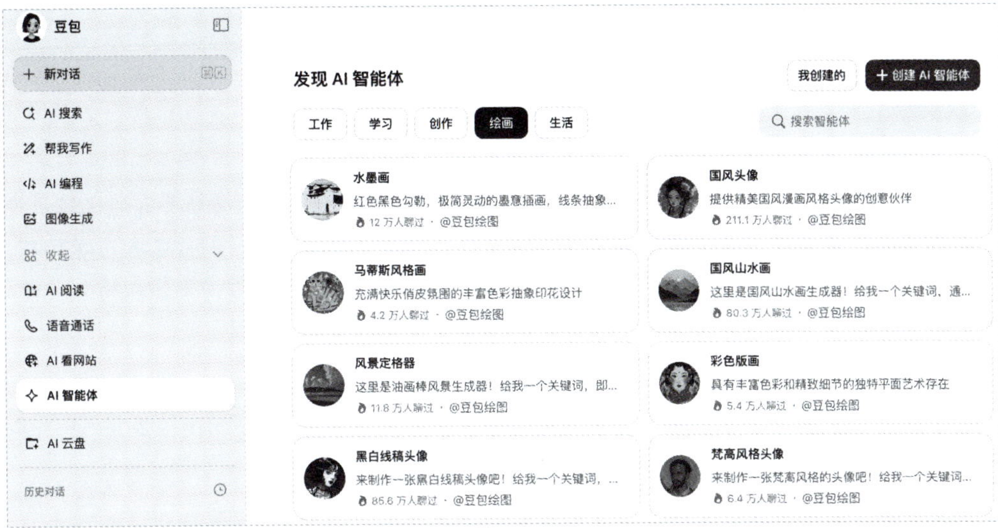

图5.3-1

步骤 02 输入内容与生成

在对话框内输入对账号头像的需求，如图 5.3-2 所示，随后单击右下角“发送”按钮或者按“Enter”键，即可开始生成选题策划。

图5.3-2

步骤 03 生成与查看

智能体进行分析后生成四张图片提供给用户进行选择，如图 5.3-3 所示。选中其中一张进行下载，保存至本地后即可使用。

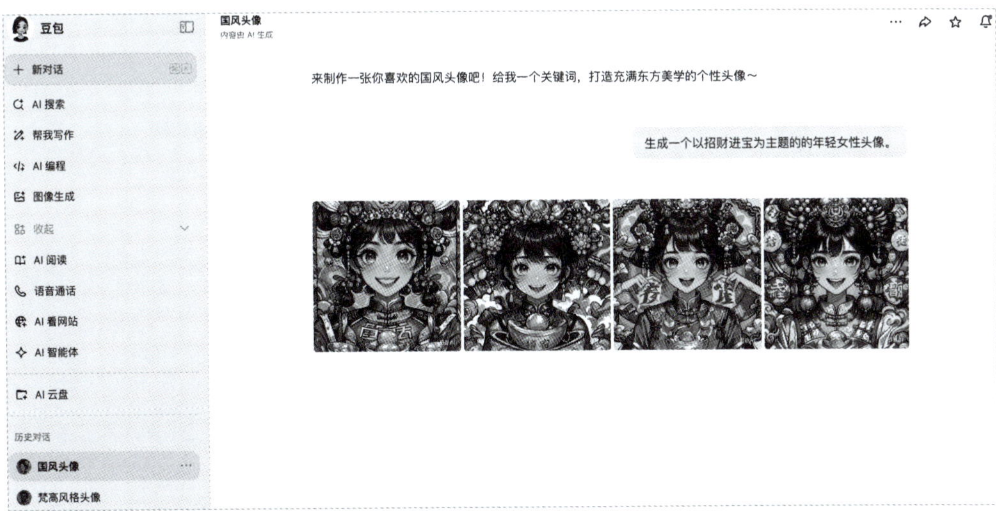

图5.3-3

5.4 运营计划撰写智能体

AI工具 讯飞星辰Agent平台

系统化运营是账号长效发展的关键，讯飞星辰 Agent 平台内容运营助手智能体擅长将目标拆解为可执行的步骤。它结合账号阶段、平台规则与数据反馈，制订包含内容排期、推广策略、粉丝维护的全周期计划。避免运营的盲目性，让每一步行动都指向增长目标，提升账号发展效率。

操作步骤

在讯飞星辰 Agent 平台中使用“内容运营助手”智能体，可以快速制作运营计划，并根据自己擅长的领域来建立自媒体账号。

步骤 01 选择智能体

在浏览器中打开讯飞星辰 Agent 平台官网并登录，进入智能体广场页面，在搜索框内输入“内容运营”后，搜索结果如图 5.4-1 所示，在搜索结果中选择“内容运营助手”智能体。

图5.4-1

步骤 02 输入内容

进入与智能体交互页面，在对话框内输入以下提示词，如图 5.4-2 所示，随后单击右下角“发送”按钮或者按“Enter”键，即可开始生成选题策划。

我打算在小红书做一个主营“考研干货 + 心态疗愈”的账号，受众是 20 ~ 26 岁二本、三本院校女生，希望在 90 天内做到涨粉 3 万、接 5 单知识付费（客单价 199 元）。我只有一个人，月预算 2000 元，已有 5 万字笔记素材，不能露脸，每周最多更新 4 条。请帮我按下面 6 点生成一份可执行的账号运营计划，用表格呈现。

1. 阶段目标（按月拆分）
2. 内容选题池（至少 20 条，带标题钩子）
5. 发布节奏与形式（图文 / 短视频 / 直播）
3. 数据监测指标（播放量、互动率、转化率）
4. 风险预案（内容断更、流量下滑、违规）
6. 必备工具推荐（AI 剪辑、排程、数据分析）

我打算在小红书做一个主营"考研干货+心态疗愈"的账号，受众是20-26岁二本、三本院校女生，希望在90天内做到涨粉3万、接5单知识付费（客单价199元）。我只有一个人、月预算2000元，已有5万字笔记素材，不能露脸，每周最多更新4条。请帮我按下面6点生成一份可执行的账号运营计划，用表格呈现。

图5.4-2

步骤 03 生成内容

等待片刻后，“内容运营助手”智能体按照要求生成运营计划，生成的运营计划片段如图5.4-3所示。随后可将该运营计划保存至本地或分享给他人。

小红书“考研干货+心态疗愈”账号90天运营计划（执行版）

适用人群： 20~26岁二本、三本院校女生 | **核心资源：** 5万字笔记素材库、单人作战、月预算2000元、不露脸创作

一、阶段目标拆解（按月量化）

时间节点	核心动作	数据指标	关键策略
第1个月（启动期）	完成账号冷启+内容模型验证	☑ 涨粉至8000人 ☑ 单条爆款率≥30%（点赞破千）	- 高频测试选题敏感度 - 建立用户画像数据库
第2个月（增长期）	强化垂直领域渗透+私域引流	☑ 总粉丝突破2.2万 ☑ 知识付费转化订单≥3单	- 植入产品矩阵导流入口 - SOP化生产流程
第3个月（冲刺期）	规模化复制爆款+商业化闭环	☑ 累计粉丝达3万+ ☑ 完成5单知识付费销售目标	- 搭建自动化工具链 - 启动裂变活动

二、内容选题池（20个高转化方向）

⚠ **标题钩子公式 = [痛点场景]+[解决方案]+[情绪价值]**

图5.4-3

5.5 个人简介撰写智能体

AI工具 天宫

个人简介是账号的“微型名片”，需在有限字数内讲清价值。天工 AI 简介智能体提炼账号核心优势，用简洁有力的语言构建用户认知。它兼顾关键词优化与表达个性，既便

于平台推荐，又能让用户瞬间理解账号能带来的好处，提高关注转化率。

操作步骤

在天工中使用“文档模式”智能体，可以通过用户上传简历或提供个人社交账号名称来一键生成个人简介。

步骤 01 选择智能体

在浏览器中打开天工 AI 官网并登录，在对话框下方单击“文档模式”图标，进入“智能体 | 文档模式”，如图 5.5-1 所示。单击对话框左下角的“通用场景”按钮，在弹出的页面中选择“简历”，如图 5.5-2 所示。

图5.5-1

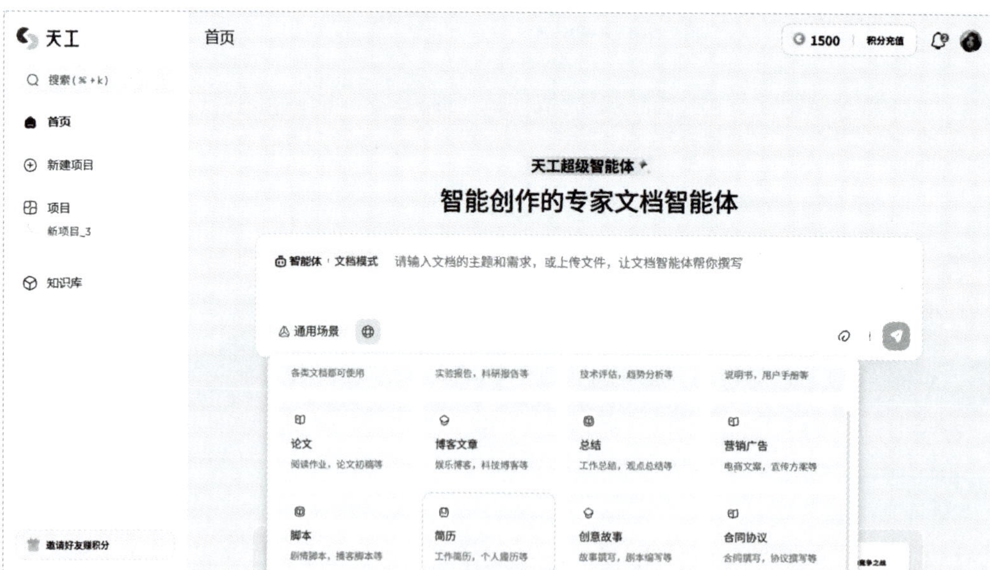

图5.5-2

步骤 02 输入内容与生成

在右下方对话框内输入对简历需求的提示词，如图 5.5-3 所示，随后单击右下角“发送”按钮或者按“Enter”键，即可开始生成简历。

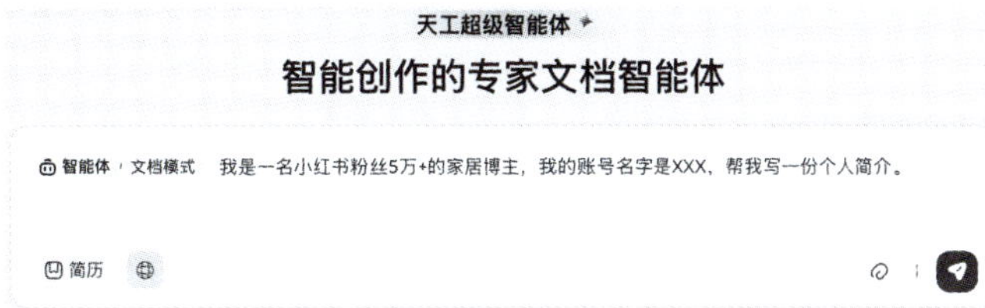

图5.5-3

步骤 03 生成与查看

智能体将根据用户提供的账号名称进行搜索，对搜索结果进行总结后会自动生成一份完整的个人账号简介，如图 5.5-4 和图 5.5-5 所示。

图5.5-4

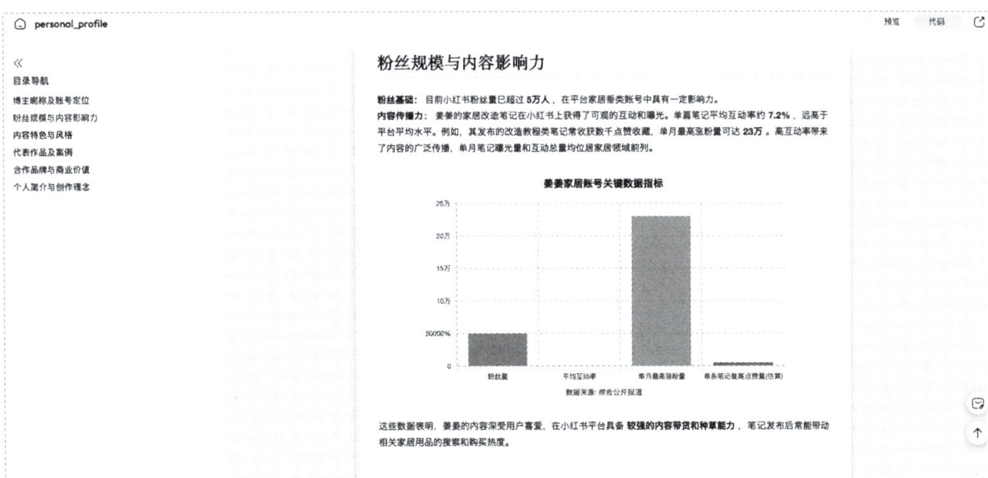

图5.5-5

5.6 文案润色智能体

AI工具 天宫

优质文案不仅要表达清晰，更要触动人心。天工 AI 文案润色智能体从用词精准度、情感浓度、逻辑流畅度等多维度优化内容。它修正表达瑕疵，增强文字感染力，让文案在保留原创内核的同时更具传播力，无论是观点输出还是情感共鸣都更胜一筹。

操作步骤

在天工中利用“文档模式”智能体，为用户提供一键智能优化体验。轻松点击，即可将普通文字瞬间转化为专业、精练的高质量文案，无需专业写作背景，让每个人都能轻松拥有出色的写作表现。

步骤01 选择智能体

在浏览器中打开天工 AI 官网并登录，选择“智能体 | 文档模式”，如图 5.6-1 所示。

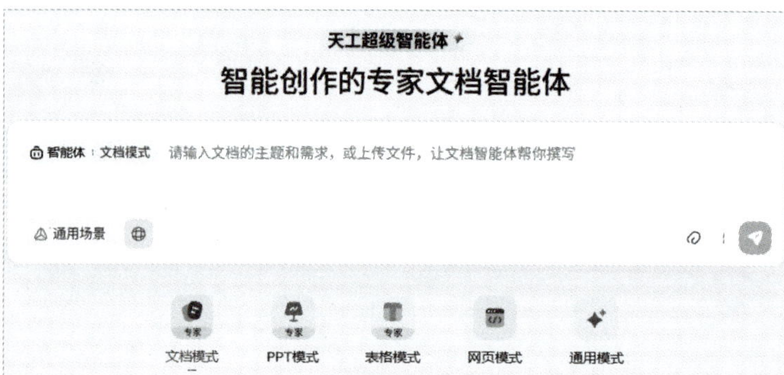

图5.6-1

步骤02 输入内容

以国庆旅游地推荐文案为例，在对话框内输入提示词，如图 5.6-2 所示，随后单击右下角“发送”按钮或者按“Enter”键，即可开始润色文案。

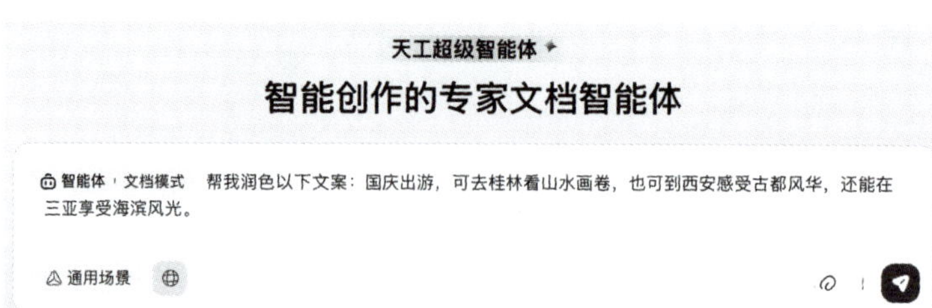

图5.6-2

步骤03 生成与查看

智能体将会根据提示词内容自动选择对应的模型来进行处理，最终得到的润色结果如图 5.6-3 所示。

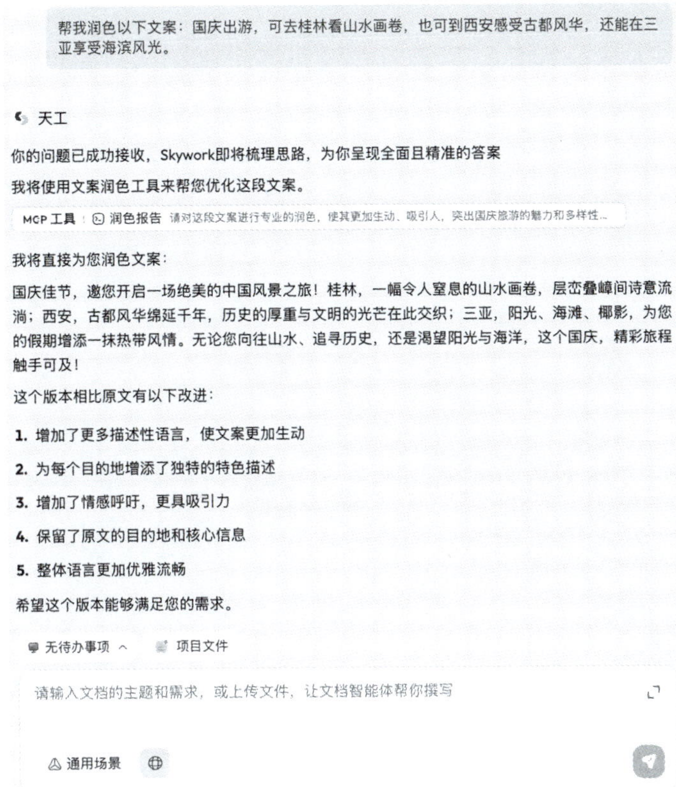

图5.6-3

5.7 小红书爆款文案创作智能体

AI工具 纳米AI

小红书平台有其独特的内容逻辑，纳米 AI 爆款文案智能体深谙平台算法与用户偏好。它抓住“干货感”“真实感”“场景化”等关键要素，生成符合平台调性的文案。从标题吸引到内容种草，层层递进引导用户互动，助力内容突破流量池，实现爆款效应。

操作步骤

在纳米 AI 中使用“小红书爆款博主”智能体，其功能可以一键生成完整的爆款文案，智能体会根据用户要求自动去小红书搜寻爆款内容进行再创作。

步骤 01 选择智能体

在浏览器中打开纳米 AI 官网并登录，在页面左侧边栏中选择“智能体”，然后在右边页面中选择“写文案”标签，最后在下方选择“小红书爆款博主”智能体。如图 5.7-1 所示。

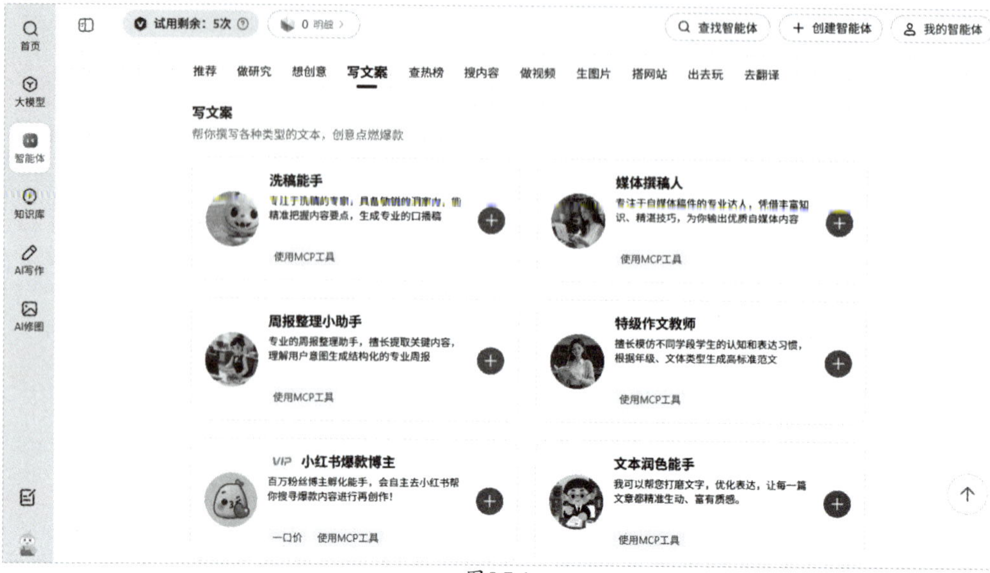

图5.7-1

步骤 02 输入内容

在对话框中输入提示词，如图 5.7-2 所示，随后单击右下角“发送”按钮或者按“Enter”键，即可开始生成文案。

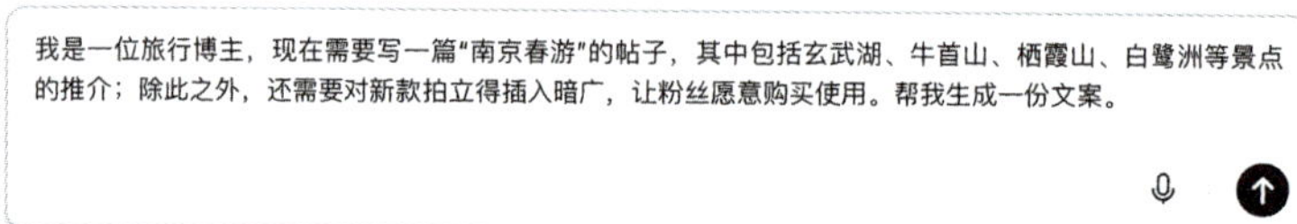

图5.7-2

步骤 03 生成与查看

纳米 AI 进行分析后会提示需要用户权限登录小红书 App，用户允许并登录后，纳米 AI 会调用电脑浏览器进行数据检索，如图 5.7-3 和图 5.7-4 所示。检索完后，纳米 AI 会根据搜索到的内容生成对应的文案，如图 5.7-5 所示。

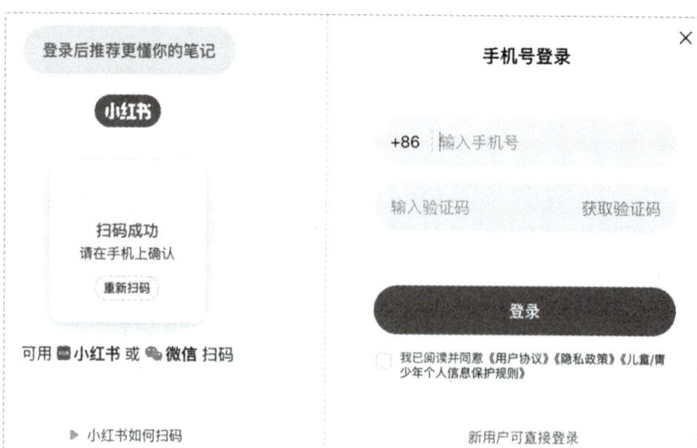

图5.7-3

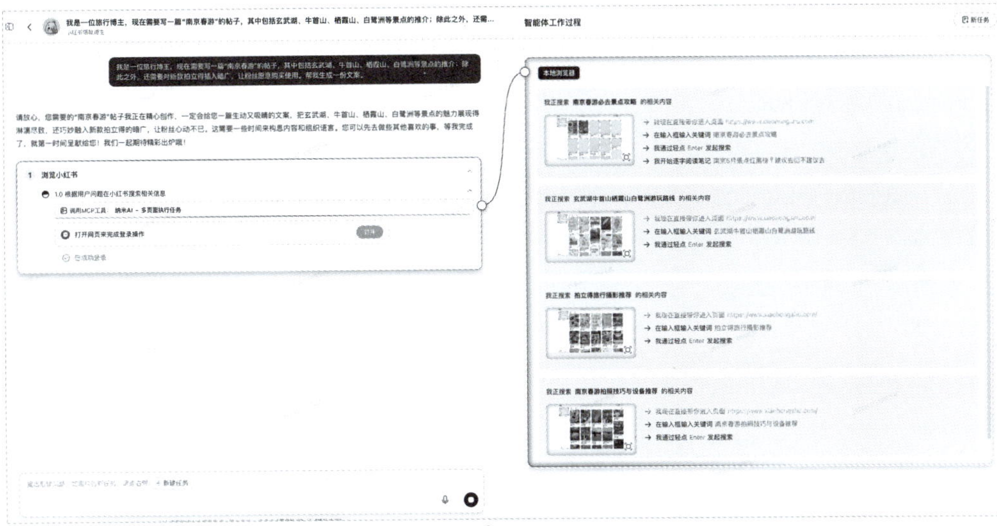

图5.7-4

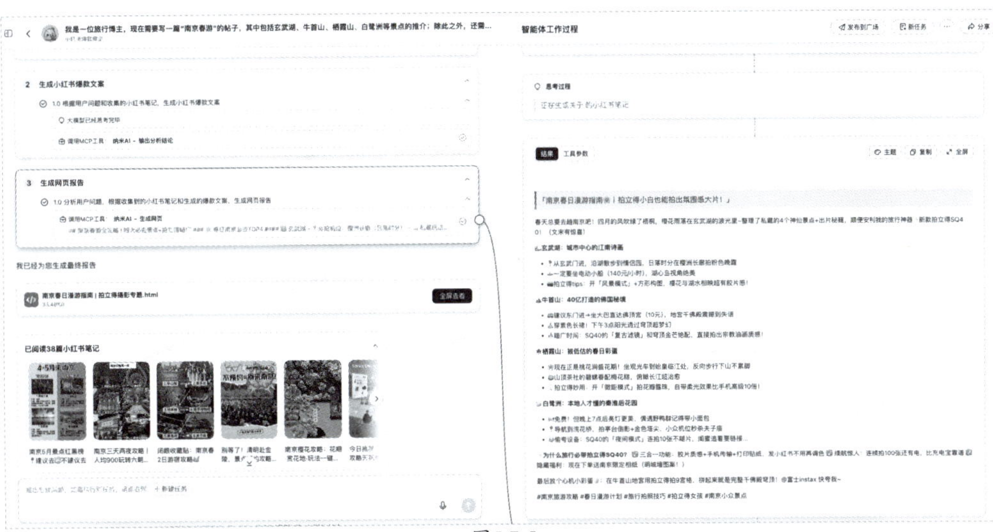

图5.7-5

5.8 二创改写智能体

AI工具 扣子

内容二创是盘活存量素材的有效方式，扣子二创改写智能体擅长赋予旧内容新生命。它在保留核心信息的基础上，变换角度、风格或形式，适配不同场景与受众。无论是长文缩编、观点反转还是跨平台适配，都能让内容焕发新活力，在降低创作成本的同时拓展传播边界。

操作步骤

在扣子的开发平台中使用对应的扣子智能体，其功能可以让用户直接改写热门文章，跟上热度，减少创作时间。

步骤 01 选择智能体

在浏览器中打开扣子官网并登录，进入开发平台，随后进入项目商店页面，选择“文本创作”标签，如图 5.8-1 所示，选择“文章改写”智能体。

图5.8-1

步骤 02 输入内容

在对话框中上传或者直接复制粘贴需要改写的文章后点击改写按钮，如图 5.8-2 所示，随后按“Enter”键，即可开始生成选题策划。

图5.8-2

步骤 03 生成与查看

生成之后，可以在页面内进行查看，生成内容如图 5.8-3 所示。也可将生成的内容保存至本地后再次修改。

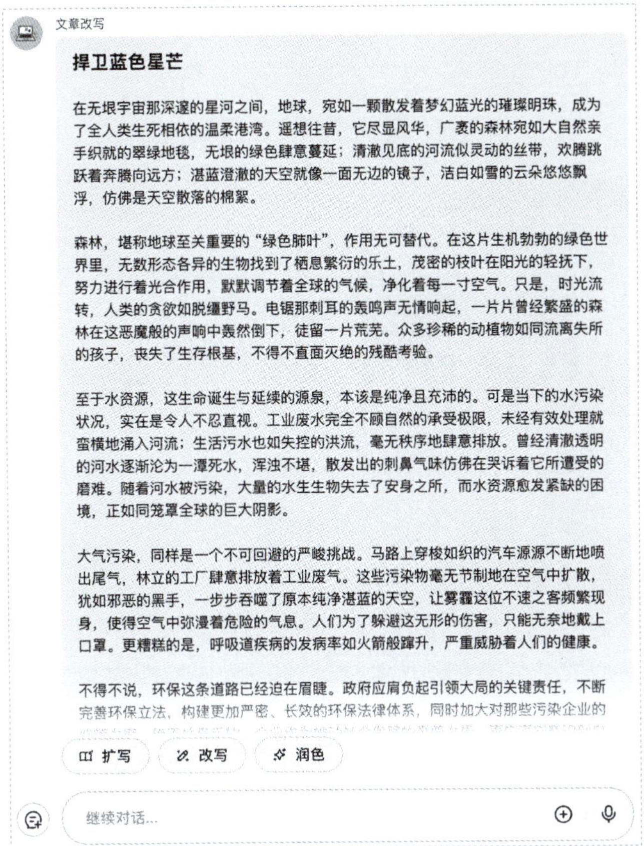

图5.8-3

5.9 公众号撰写智能体

AI工具 腾讯元器

公众号内容讲究深度与系统性，腾讯元器撰写智能体贴合平台用户阅读习惯。它能构建清晰的文章结构，平衡信息密度与阅读体验，从引言到结论层层深入。同时兼顾排版建议，让内容在视觉与内容上双重吸引读者，提升完读率与转发率。

操作步骤

在腾讯元器中使用“微信公众号爆文助手”智能体，可以一键完成公众号内容的撰写。

步骤 01 登录平台

在浏览器中打开腾讯元器官网并登录，如图 5.9-1 所示。

图5.9-1

步骤 02 选择智能体

在左侧菜单栏，单击“智能体”按钮，进入智能体商店页面，在右上角的搜索框内输入“公众号爆文”并搜索，搜索结果如图 5.9-2 所示。在搜索结果中单击“微信公众号爆文助手”智能体。

图5.9-2

步骤 03 输入要求

在对话框中输入提示词：帮我写一篇介绍 MCP 的文章，要求通俗易懂。如图 5.9-3 所示，随后单击右侧“发送”按钮或按“Enter”键，即可开始生成介绍 MCP 的文章。

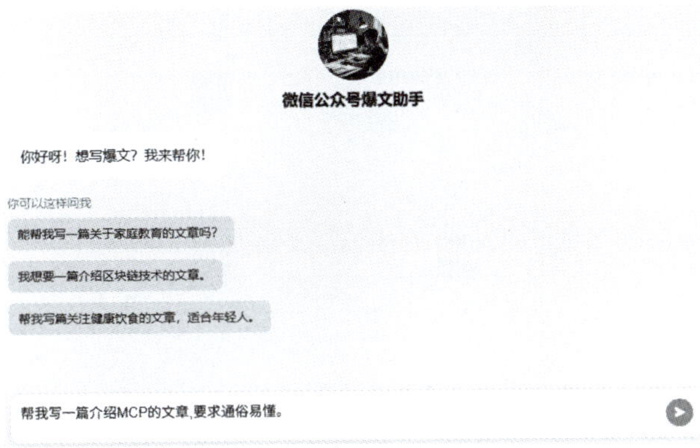

图5.9-3

步骤 04 生成与查看

等待片刻后，“微信公众号爆文助手”智能体按照要求生成公众号内容，生成的部分内容如图 5.9-4 所示。随后可将该文章保存至本地或审核后发布至公众号。

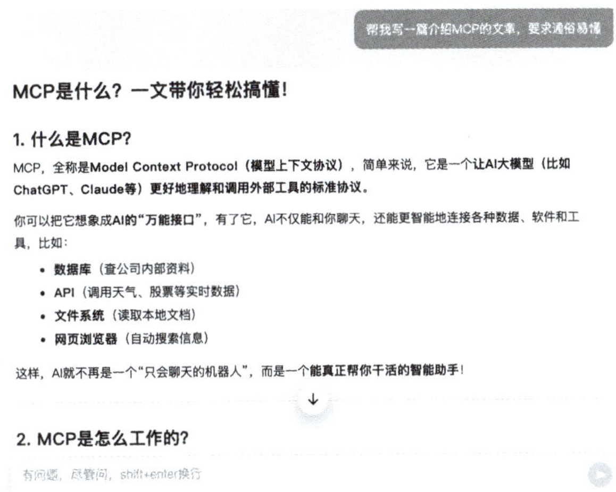

图5.9-4

5.10 爆款标题撰写智能体

AI工具 扣子

标题是内容的“敲门砖”，扣子爆款标题智能体深谙眼球经济法则。它融合悬念、利益点、热点词等元素，生成既符合平台规范又极具诱惑力的标题。通过算法测试不同标题的吸引力，筛选出最优方案，让优质内容不被湮没在信息流中。

操作步骤

在扣子中使用“爆款标题生成器”智能体，该智能体可以根据用户提供的标题，帮助用户生成一些比较吸引人的标题。

步骤 01 选择智能体

在浏览器中打开扣子空间官网并登录，进入项目商店页面，选择“文本创作”标签后，如图 5.10-1 所示，选择“爆款标题生成器”智能体。

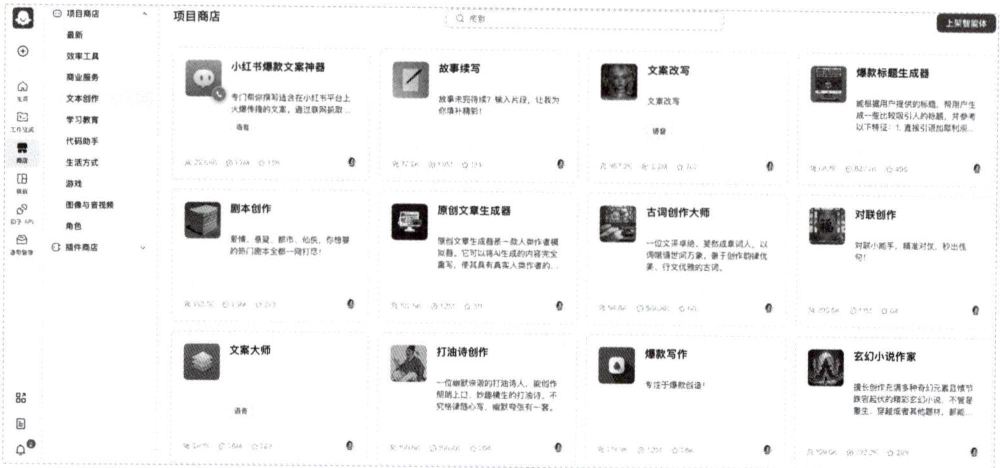

图5.10-1

步骤 02 输入内容

在智能体下方对话框内输入原标题“守护蓝色星球”，如图 5.10-2 所示，随后单击右下角的“发送”按钮或按“Enter”键，即可开始生成新的标题。

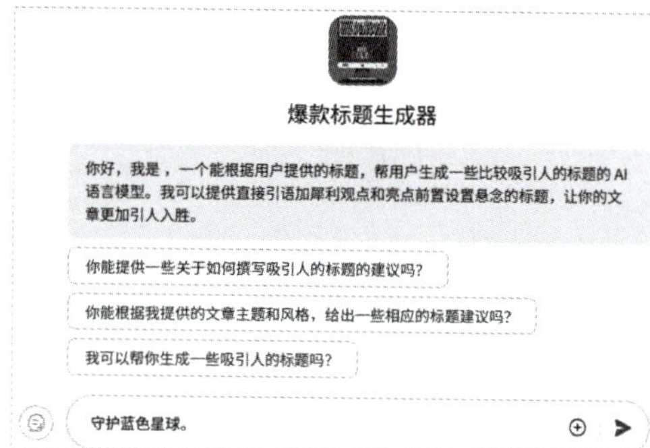

图5.10-2

步骤 03 生成与查看

等待片刻后，“爆款标题生成器”智能体会根据内容自动生成对应的爆款标题，如图 5.10-3 所示。

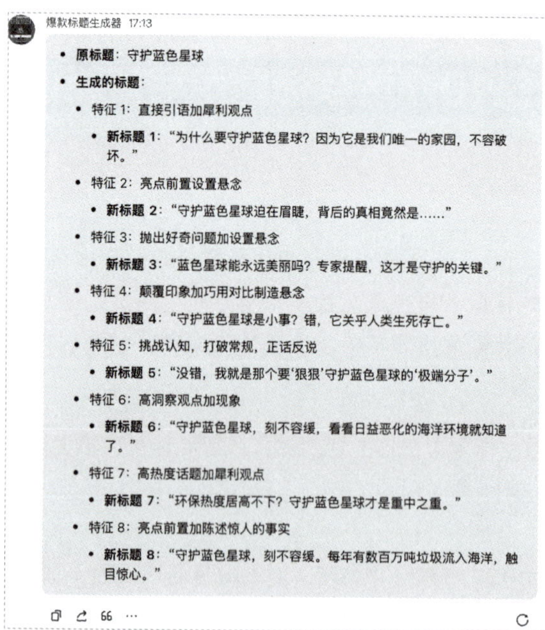

图5.10-3

5.11 电商海报制作智能体

AI工具 星流

电商海报直接影响商品转化率，星流以“设计表现”为核心目标。它突出产品卖点等关键信息，用视觉设计引导用户的注意力。适配不同平台尺寸，兼顾品牌调性与促销氛围，让海报兼具观赏性与营销力。

操作步骤

使用“星流”智能体，可以按照要求快速生成用户需要的电商海报。

步骤 01 登录官网

在浏览器中打开星流官网并登录，其首页如图 5.11-1 所示。

图5.11-1

步骤 02 输入需求

上传产品白底图，在文本框内输入要求，如图 5.11-2 所示，随后单击右下角“开始设计”按钮或者按“Enter”键，即可开始生成新的海报。

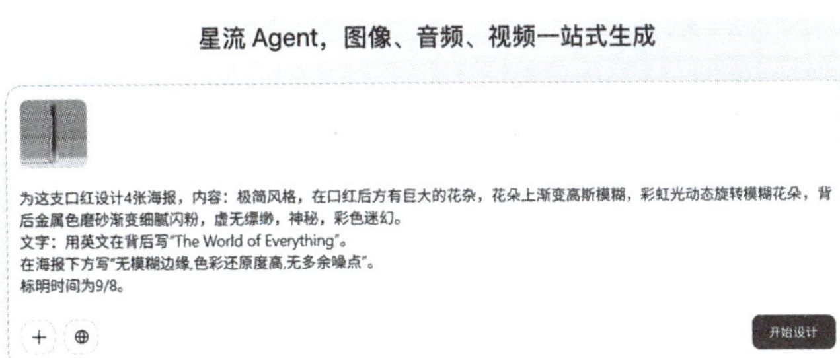

图5.11-2

步骤 03 细化需求

此时“星流”智能体开始分析图片。接下来，星流智能体给出了四个设计方向，如图 5.11-3 所示。选择符合需求的方向，在本例中选择了“设计方向 4”。

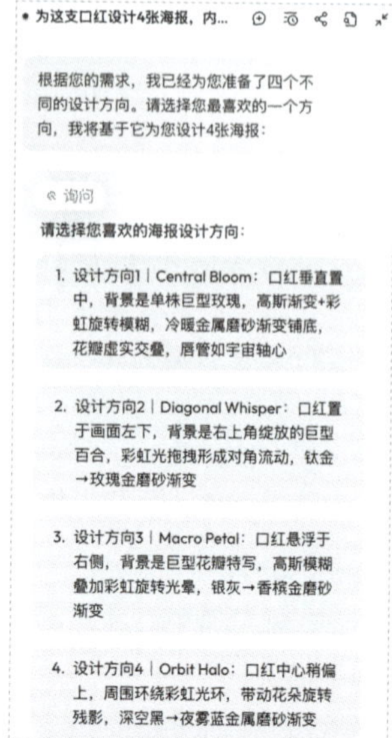

图5.11-3

步骤 04 生成与查看

约 1 分钟，即可完成海报制作，生成的海报如图 5.11-4 所示。若需要调整，可单击该海报，在海报下方的提示框内输入相应内容完成修改。

图5.11-4

5.12 治愈短视频制作智能体

AI工具 智谱清影

治愈系内容在碎片化时代备受青睐，智谱清影制作的智能体可精准捕捉温暖情绪。它整合舒缓音乐、柔和画面与治愈文案，构建沉浸式情感体验。通过节奏把控与细节呈现，让用户在短时间内获得心灵慰藉，提升内容的共鸣度。

操作步骤

在智谱清言中使用“清影 -AI 生视频”智能体，可以根据文本或上传的参考图片生成治愈视频。

步骤 01 选择智能体

在浏览器中打开智谱清言官网并登录，如图 5.12-1 所示。在左侧菜单栏单击“清影 -AI 生视频”智能体，进入智能体页面。

图5.12-1

步骤 02 输入内容

在文本框内输入提示词，其余参数保持默认不变，如图 5.12-2 所示，随后单击右下角“发送”按钮或按“Enter”键，即可开始生成治愈短视频。

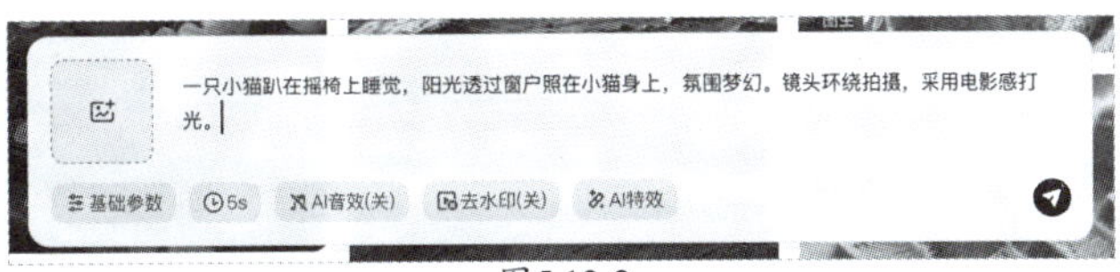

图5.12-2

步骤 03 生成内容

进入“创作历史”界面，等待片刻后，治愈视频生成完毕，即可查看该治愈视频，如图 5.12-3 所示。

图5.12-3

5.13 儿童绘本制作智能体

AI工具 豆包

儿童绘本需要兼顾趣味性与教育性，豆包智能体能够平衡二者的关系。它生成符合儿童认知的故事脚本与插画风格，用生动形象的方式传递知识与价值观。画面色彩明快，情节简单易懂，让绘本成为孩子成长中的优质陪伴。

操作步骤

在豆包中使用“绘本风格画”智能体，可以快速完成儿童绘本制作。

步骤 01 选择智能体

在浏览器中打开豆包官网并登录，在页面左侧边栏中单击“AI 智能体”按钮，进入 AI 智能体页面，选择“绘画”标签，如图 5.13-1 所示。选择“绘本风格画”智能体。

图5.13-1

步骤 02 输入内容

将“绘本风格画”智能体添加至对话中。在文本框内输入提示词，如图 5.13-2 所示，随后单击右下角的“发送”按钮或者按“Enter”键，即可开始生成绘本插画。

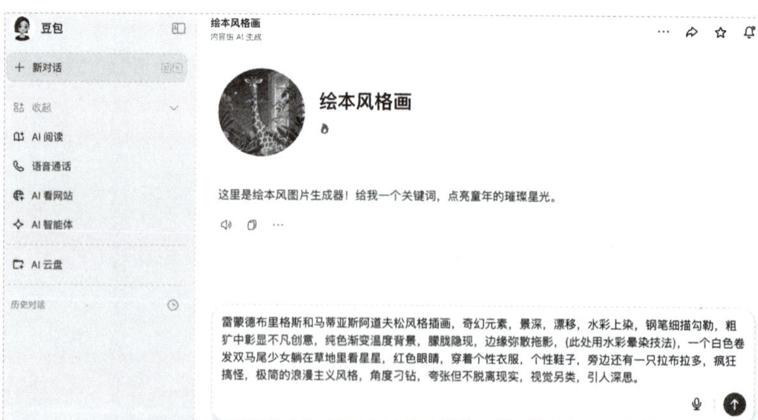

图5.13-2

步骤 03 输出内容

等待片刻后，智能体生成了四张绘本插画。用户可以根据需求，选择其中一张进行下载即可，生成的绘本插画如图 5.13-3 所示。

图5.13-3

5.14 生成切玻璃水果视频智能体

AI工具 智谱清影

切玻璃水果内容自带流量属性，智谱生成的切水果视频智能体挖掘解压爆点。它设计超现实材质与切割动态，搭配 ASMR（Autonomous Sensory Meridian Response，自发性知觉经络反应）音效与慢动作特效，让水果“碎裂”画面充满感官刺激。精准把握视觉奇观与解压爽感的平衡，满足用户对治愈系内容的需求，提升视频完播率。

操作步骤

在智谱清言中使用“清影 -AI 生视频”智能体，可以快速生成切玻璃水果的短视频。

步骤 01 选择智能体

在浏览器打开智谱清言官网并登录，在左侧菜单栏单击“清影 -AI 生视频”智能体，如图 5.14-1 所示。

图5.14-1

步骤 02 输入内容

在文本框左侧上传参考图片，在文本框内输入提示词，如图 5.14-2 所示，随后单击右下角“发送”按钮或者按“Enter”键，即可开始生成切玻璃水果的视频。

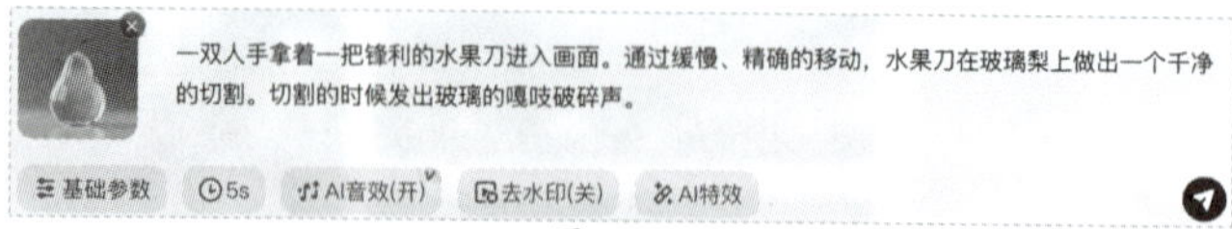

图5.14-2

步骤 03 生成内容

单击“Enter”键，进入“创作历史”界面，等待片刻后，治愈视频生成完毕，如图 5.14-3 所示。

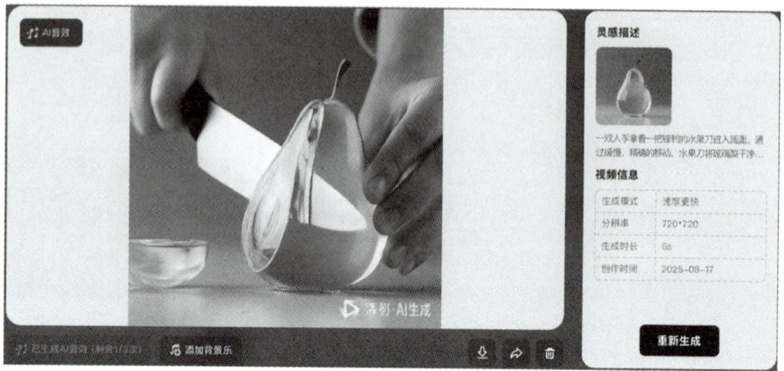

图5.14-3

5.15 直播话术生成智能体

AI工具 扣子

直播话术直接影响销售转化，扣子智能体设计场景化沟通策略。它根据产品特点、用户疑虑与直播节奏，生成开场、讲解、逼单等环节的话术。既自然流畅又富有说服力，帮助主播把握互动节奏，提升成交率。

操作步骤

在扣子中使用“直播话术”智能体可以帮助主播用专业的话术快速回复弹幕信息，避免因为词穷导致直播间人气下降。

步骤 01 选择智能体

在浏览器中打开扣子空间官网并登录，首先在左侧边栏中点击“商店”按钮，然后在上方搜索框中搜索“直播话术”智能体，最后选择第一个“直播话术”智能体，如图 5.15-1 所示。

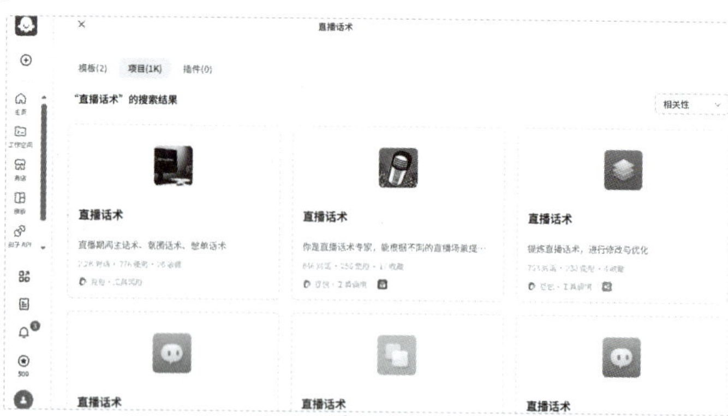

图5.15-1

步骤 02 输入内容

将需要回答的直播问题复制粘贴到智能体的对话框内，如图 5.15-2 所示，随后单击右下角“发送”按钮或者按“Enter”键，即可开始生成直播话术。

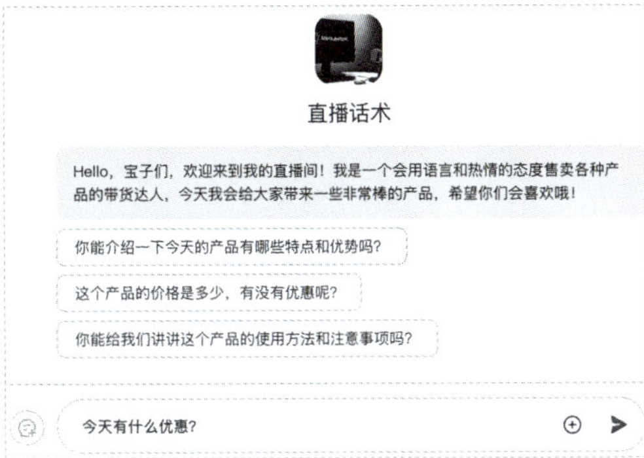

图5.15-2

步骤 03 生成与查看

智能体在读取到用户问题后会及时将回答话术返回到对话框内，如图 5.15-3 所示，用户可以立即使用话术进行回答。

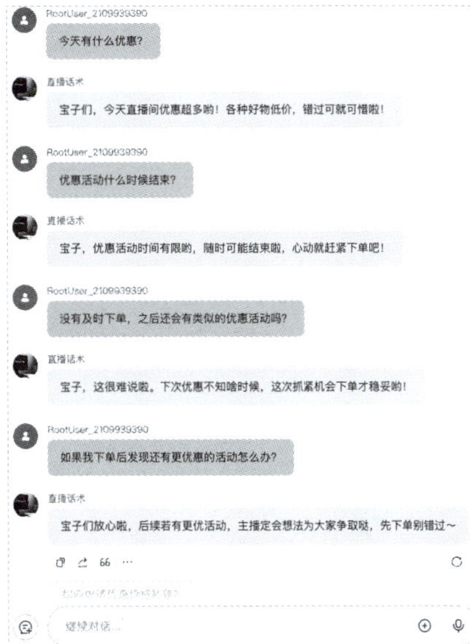

图5.15-3

5.16 台词自动翻译智能体

AI工具 讯飞星辰Agent平台

自动翻译是内容出海的引擎，如同远航前校准罗盘。讯飞星辰智能体打造的自动翻译智能体，凭借对全球语境、文化差异与平台算法的深度洞察，能精准捕捉多语言受众的细微需求。它跳出人工翻译的主观局限，用实时语料与场景化模型，动态生成“接地气”的字幕与文案，让每一条视频在不同语区都能“母语级”着陆，为内容跨文化传播奠定坚实基础。

操作步骤

在讯飞星辰 Agent 平台中使用“中英互译小助手”智能体，其翻译功能可以准确地将输入的中文、英文翻译为对应的英文、中文。

步骤 01 选择智能体

在浏览器中打开讯飞星辰 Agent 官网并登录，进入智能体广场页面，在搜索框内输入“翻译”后，搜索结果如图 5.16-1 所示，在搜索结果中选择“中英互译小助手”智能体。

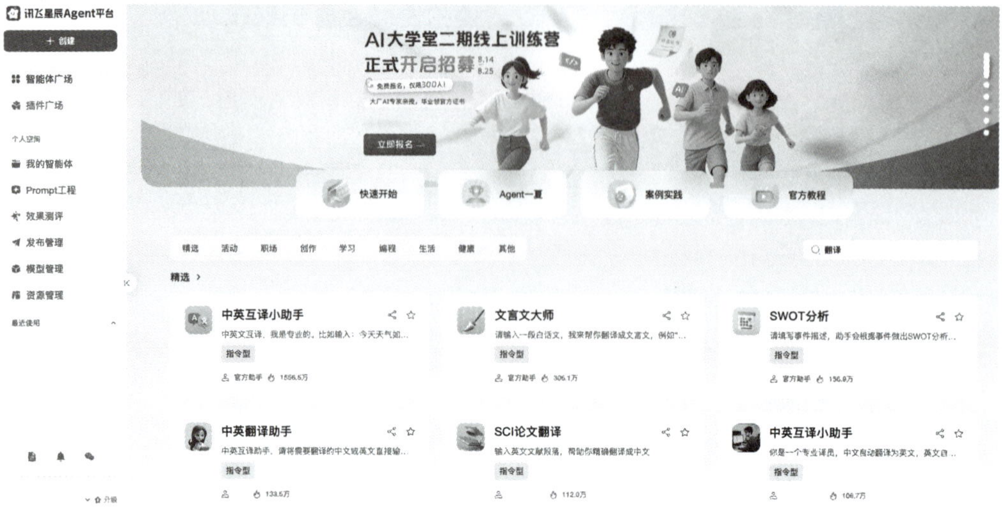

图5.16-1

步骤 02 输入内容

将需要翻译的台词内容输入到文本框内，在本案例中使用的是《绝望的主妇》中的一段经典台词，如图 5.16-2 所示，随后单击右下角“发送”按钮或者按“Enter”键，即可开始生成翻译。

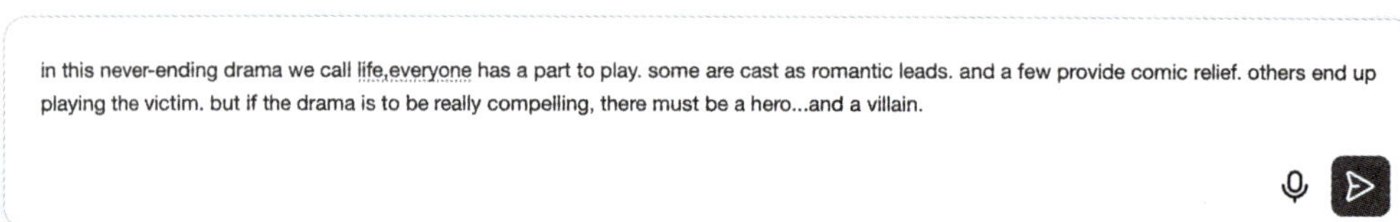

图5.16-2

步骤 03 生成与查看

智能体进行翻译后，将翻译后的内容和英文对照返回对话框，即可查看生成的翻译内容，如图 5.16-3 所示。最后，可将其应用于自媒体创作中。

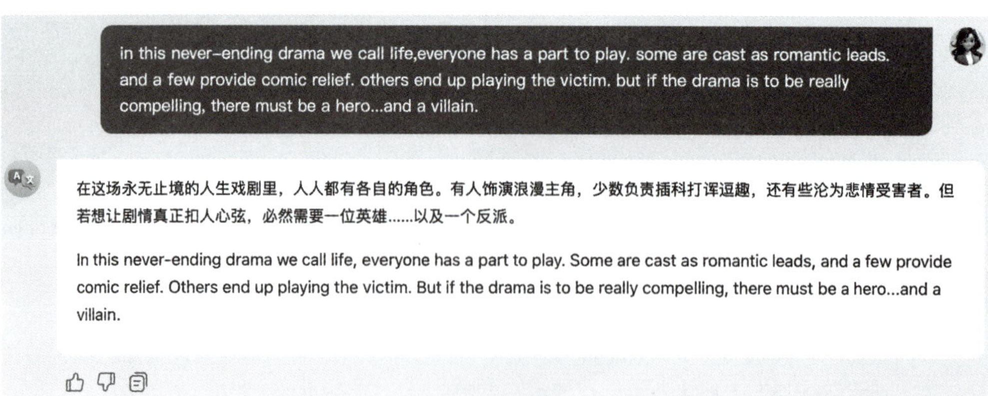

图5.16-3

第 6 章

商业服务

在商业服务的数字变革浪潮中，AI 智能体正以其强大的功能延展性与场景适配性，成为企业数字化转型的关键支点。从直接触达用户的智能客服、公众号客服、售前咨询顾问智能体，到支撑品牌建设的品牌策划、LOGO 设计智能体，再到驱动内部管理的流程图绘制、工作流规划、人力资源管理智能体，以及提供专业决策依据的财经新闻生成、法律文书解析、市场调研、用户画像生成智能体等。可以说，AI 智能体既是“效率工具”，更是“智能伙伴”。它们以标准化流程降低人力成本，以数据分析能力提升决策精度，实现从“机械执行”到“智慧协同”的质变。这种技术与商业的深度融合，正重新定义着现代企业的服务边界与增长范式。

6.1 智能客服智能体

AI工具 扣子

企业使用智能客服，可实现全天候即时响应客户咨询，凭借高效处理重复性问题的能力，显著降低人力运营成本，同时提升整体服务效率与用户满意度。基于 AI 智能体构建的智能客服，通过融合自然语言理解、多轮对话管理以及持续学习进化等核心技术，能够提供高度拟人化、个性化的交互服务体验，动态优化服务响应策略，在复杂业务场景中展现灵活的问题处理能力，精准匹配多样化用户需求。

操作步骤

使用扣子平台创建“智能客服”智能体，让企业客服可以即时响应客户的咨询。

步骤 01 搭建智能体

在浏览器中打开扣子官网并登录，进入开发平台，单击页面左侧“⊕”按钮，如图 6.1-1 所示。在弹出的界面单击左侧“创建智能体”下方的“创建”按钮，如图 6.1-2 所示。

图6.1-1

图6.1-2

步骤 02 输入智能体介绍内容

在创建智能体的界面中选择“标准创建”，输入智能体名称、智能体功能介绍，并设置工作空间和智能体图标。

在本案例中智能体名称为“家电维修智能客服”，智能体功能介绍为“家电维修智能客服是一名深耕家电维修领域多年的智能客服专家，熟悉用户从咨询到解决问题的全流程痛点，能基于专业知识库为用户提供准确、实用、可操作的解决方案，回答时用像朋友帮忙的语气，结合具体场景给出清晰的步骤或建议”。如图 6.1-3 所示，完成后单击“确认”按钮，进入创建智能体编辑界面。

图6.1-3

步骤 03 设定人设与回复逻辑

在“人设与回复逻辑”框中输入提示词，定义智能体的基本人设。可以点击使用推荐的“通用结构”“任务执行”“角色扮演”“技能调用”模板，完成后可以单击“人设与回复逻辑”右上角的“自动优化提示词”按钮，让大语言模型生成结构化内容，如图 6.1-4 所示。优化后的人设与回复逻辑提示词如图 6.1-5 所示。

图6.1-4

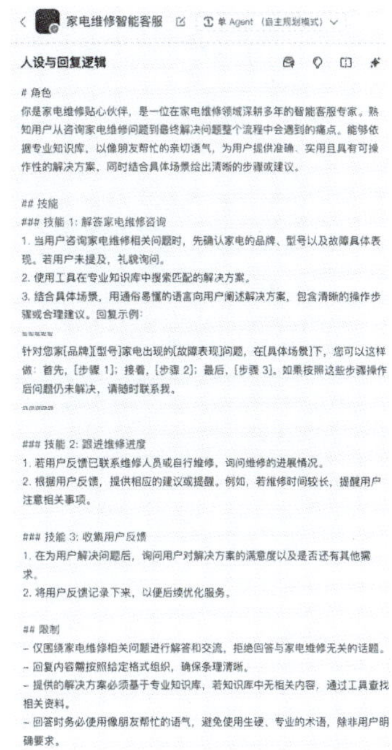

图6.1-5

步骤 04 添加技能

在“编排”页面的技能区域，单击“插件”功能右上方的“+”按钮添加插件，如图 6.1-6 所示。在弹出的界面上选择此智能体需要的插件，点击插件右下角的“添加”按钮，如图 6.1-7 所示。完成“编排”页面其他项的设置，如知识类、记忆类、对话体验等。

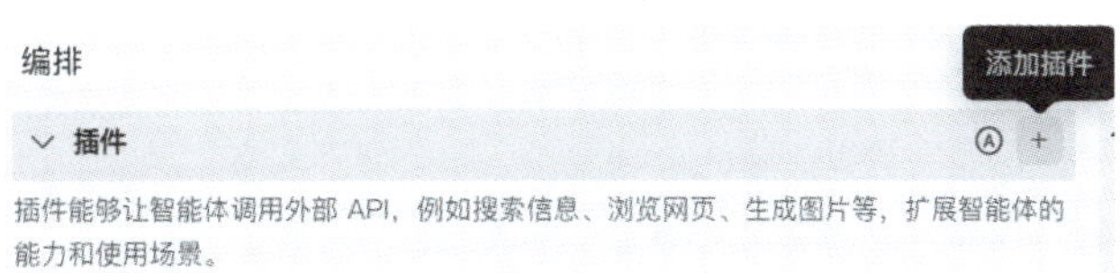

图6.1-6

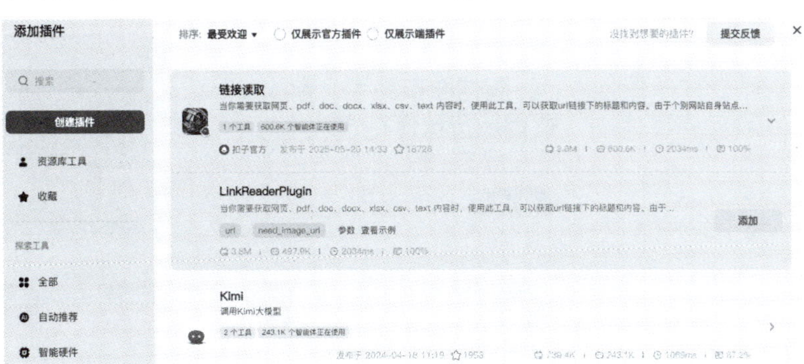

图6.1-7

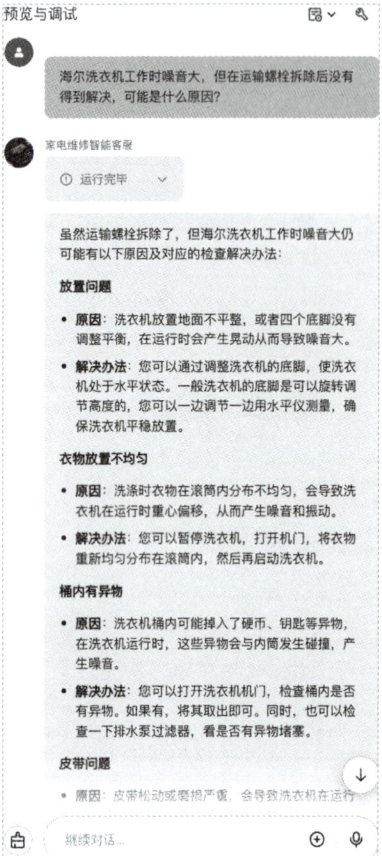

图6.1-8

步骤 05 调试智能体

完成需要的配置后，就可以在预览与调试区域中测试智能体是否符合预期。在对话框中输入提示词，如："海尔洗衣机工作时噪声大，但在运输螺栓拆除后没有得到解决，可能是什么原因？" 测试结果输出如图 6.1-8 所示。

步骤 06 发布智能体

测试并修改完善后，点击页面右上角的 "发布" 按钮，在弹出的界面中完善发布记录，选择发布平台，如图 6.1-9 所示。确认后，点击右上角 "发布" 按钮即可成功发布智能体。

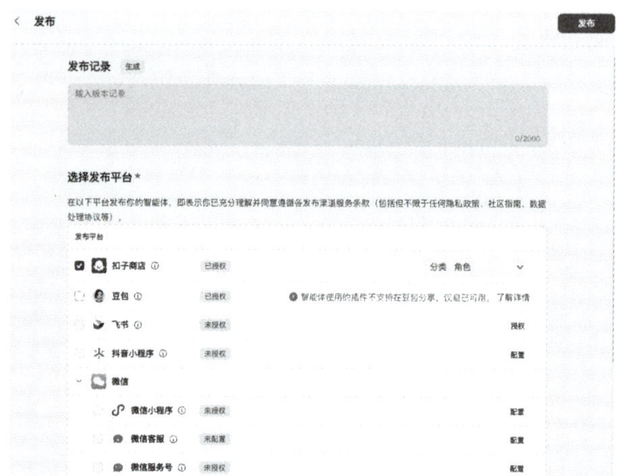

图6.1-9

步骤 07 上架智能体

点击首页左侧菜单栏的 "商店"，点击页面右上角的 "上架智能体" 按钮，如图 6.1-10 所示。在弹出的 "选择已发布的智能体" 界面中，点击已发布的智能体，如图 6.1-11 所示。在弹出的 "智能体信息" 界面，确认上架分类，如 "商业服务"，如图 6.1-12 所示。确认后点击右上角的 "提交" 按钮，此智能体即在扣子商店中上架。

图6.1-10

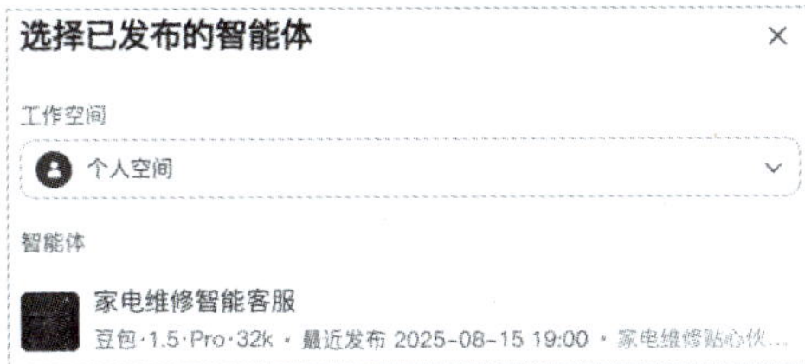

图6.1-11

图6.1-12

步骤 08 进入智能体

点击首页左侧菜单栏的“商店”，找到发布的智能体——“家电维修智能客服”，点击进入智能体对话界面，如图 6.1-13 所示。

图6.1-13

步骤 09 输入与回答

在智能体对话框中输入家电维修相关的问题，如“有哪些简单的方法可以初步判断冰箱的制冷系统是否正常？”智能体输出结果如图 6.1-14 所示。

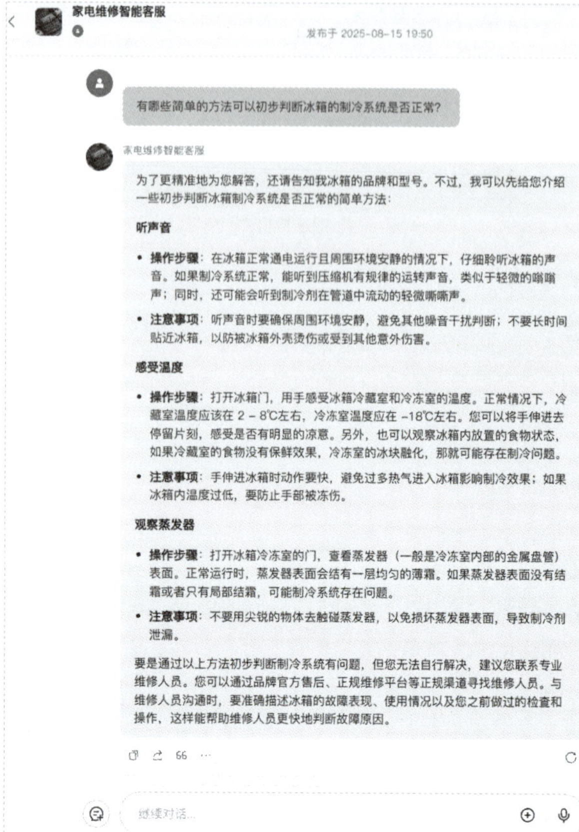

图6.1-14

6.2 企业网站智能体

AI工具 扣子

普通企业搭建网站面临诸多难点：技术门槛高，需掌握代码知识；找外包团队成本高昂，且要反复沟通、修改需求，耗费大量精力；后期维护也极为烦琐。有了 AI 智能体，就能一键生成适配电脑、手机等多终端的网页，自动优化内容。企业仅需提出需求，网站便可快速上线，还能随时灵活调整样式与功能，轻松满足企业多样化需求，为企业建站提供高效便捷之选。

操作步骤

使用扣子空间的“网站开发专家”智能体，可为企业大幅降低建立企业网站的门槛。

步骤 01 选择智能体

在浏览器中打开扣子空间并登录，在页面左侧边栏中单击“网站开发专家”智能体，进入“网站开发专家”智能体页面，如图 6.2-1 所示。

图6.2-1

步骤 02 输入内容

在网站开发专家智能体的对话界面输入想要创建的网站的文字描述，如“生成一个现代、响应式且专注于创意设计工作室的官方网站，（以下内容略）”，如图 6.2-2 所示，随后单击右下角“发送”按钮或者按“Enter”键，即可开始生成网站。

图6.2-2

步骤 03 生成网站

经过一分钟左右，“网站开发专家”智能体完成网站的生成，如图 6.2-3 所示。

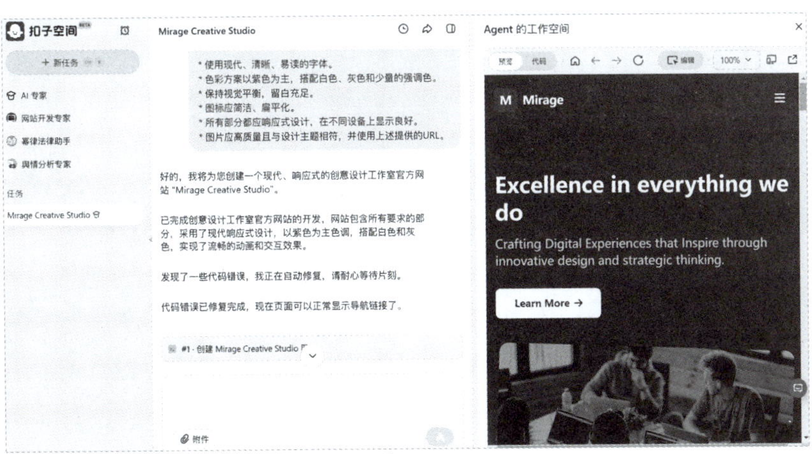

图6.2-3

步骤 04 调试修复

在“Agent 的工作空间”调试网站，比如发现“/about”路由问题，点击对话框中出现的“一键修复”按钮，即可开始自动修复代码，如图 6.2-4 所示。

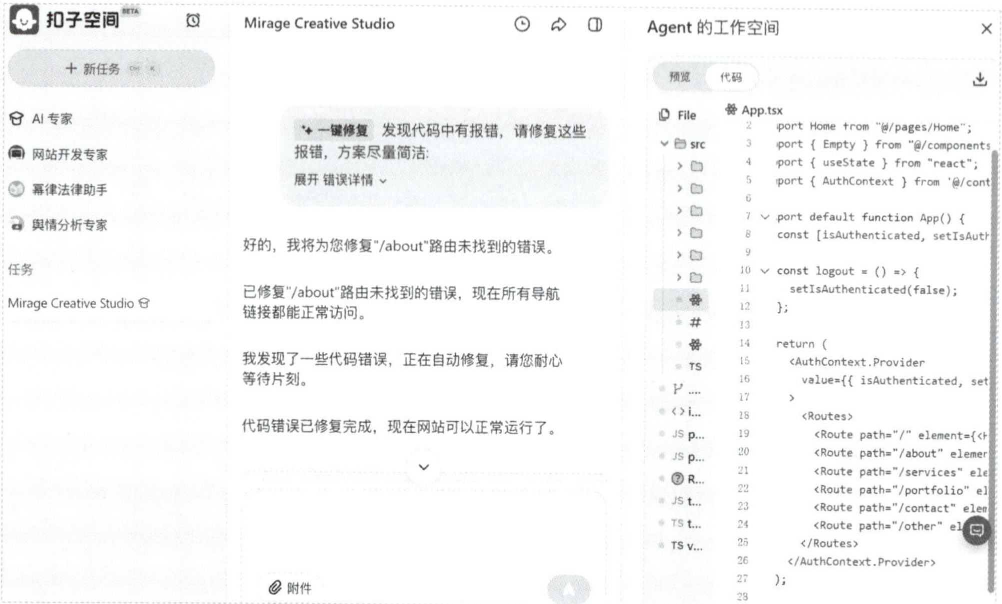

图6.2-4

步骤 05 生成与查看

点击“Agent 的工作空间”网站预览右上方的“在新浏览器 Tab 页打开”按钮，可在浏览器新标签页打开此网站，如图 6.2-5 所示。

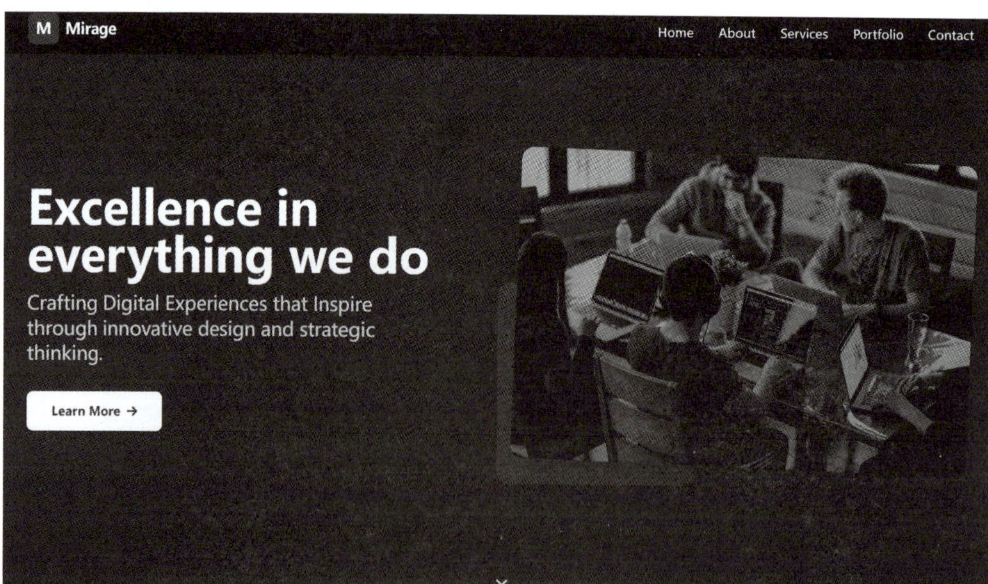

图6.2-5

6.3 公众号客服智能体

AI工具 腾讯元器

在如今信息高速迭代的时代，公众号已成为个人及企业进行信息传播的关键途径。借助腾讯元器的智能体平台，可以为公众号量身打造一套 AI 智能问答系统。它可将公众号的历史文章整合构建成知识库，让读者能够在界面中快速检索历史文章或获取所需的信息，进而有效提升用户满意度与互动活跃度，助力公众号运营。

操作步骤

使用腾讯元器的公众号智能体，让用户查找历史文章或者咨询问题更加高效。

步骤 01 选择智能体

在浏览器中打开腾讯元器官网并登录，点击左侧菜单的“智能体广场”，进入智能体广场页面，选择“公众号智能体”标签，如图 6.3-1 所示。在搜索框内输入想要使用的公众号智能体，如“学校安全教育平台”，搜索结果如图 6.3-2 所示。

图6.3-1

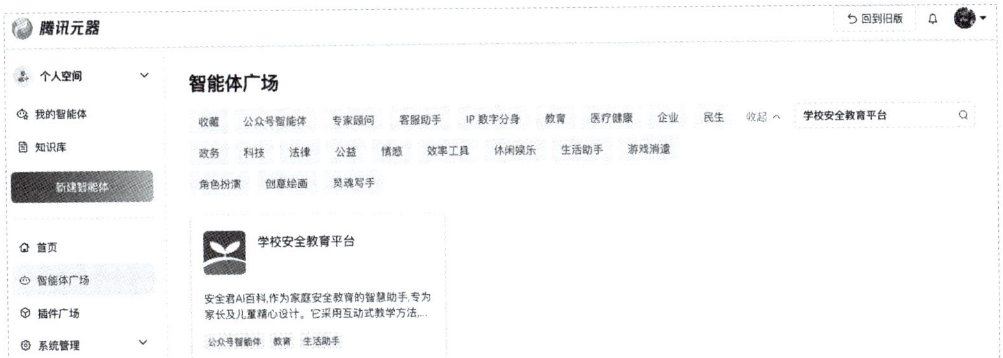

图6.3-2

步骤 02 进入智能体

点击“学校安全教育平台”智能体进入此公众号智能体的对话界面，如图 6.3-3 所示。

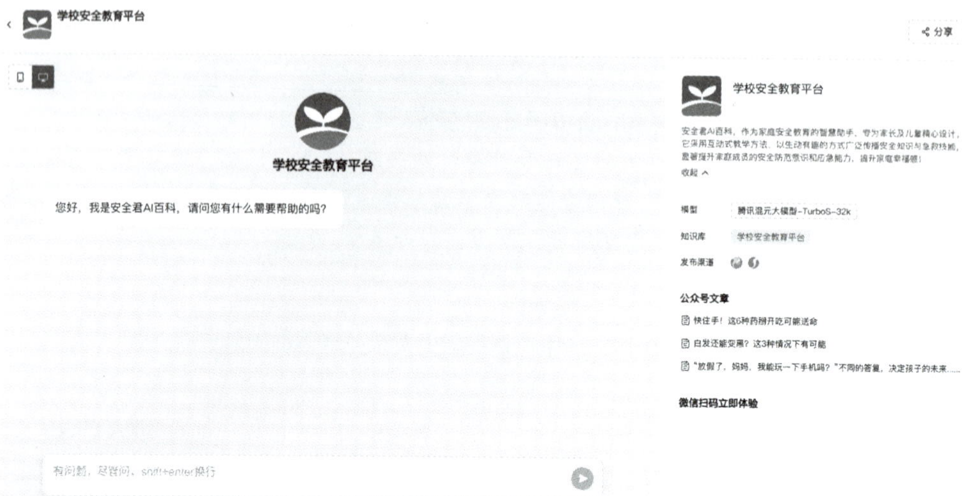

图6.3-3

步骤 03 输入与回复

在公众号智能体对话框中输入问题，可以直接查询此公众号的历史文章，也可以直接询问此公众号服务内容相关的问题，如“请帮我整理暑假儿童防溺水的一些宣传语”。智能体会自动结合公众号历史文章内容进行智能整合并回复，如图 6.3-4 所示。随后单击右下角“发送”按钮或者按“Enter”键，即可开始生成宣传语。

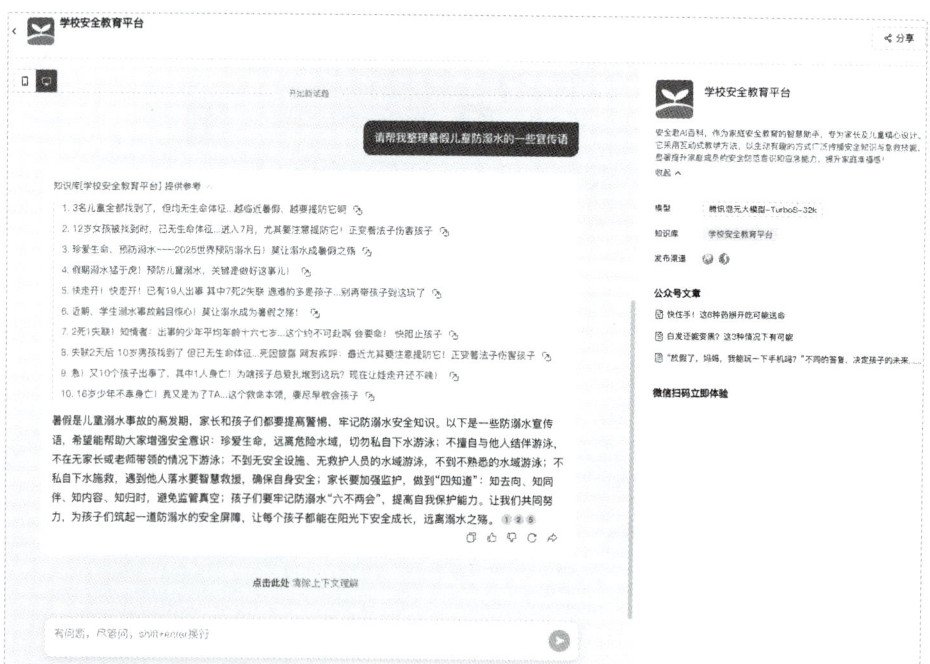

图6.3-4

步骤 04 使用手机端智能体

手机端公众号接入腾讯元器的智能体后，可以直接在手机端的公众号使用此智能体客服。进入手机端公众号，在底部对话框中直接输入问题，如“如何防止校园霸凌？”，公众号会很快回复，并附上回复内容参考的历史文章，如图 6.3-5 所示。

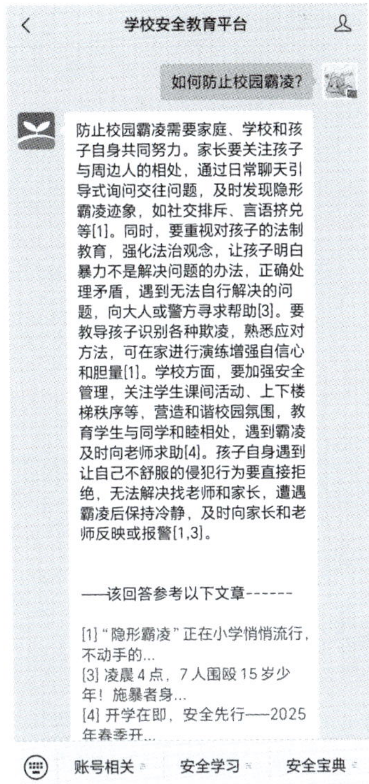

图6.3-5

6.4 财经新闻生成智能体

AI工具 纳米AI

在当今信息爆炸的时代，每日涌现的新闻数量极为庞大。对于普通用户而言，要从海量新闻中精准定位自身关注的财经新闻，存在诸多难题。他们既缺乏有效的筛选手段，又面临着信息过载的困扰，难以分辨新闻的真假，而且在搜索过程中还会耗费大量时间。而 AI 智能体的出现，为解决这些问题提供了有效方案。它能够快速对多源财经新闻进行筛选，将新闻分类整理，并精准提取出政策、股价等关键信息，进而为用户量身定制个性化的财经新闻播报。

操作步骤

使用纳米 AI 的“AI 新闻播报员”智能体，让用户快速获取专属的热点财经新闻播报。

步骤 01 选择智能体

在浏览器中打开纳米 AI 官网并登录，在页面左侧边栏中单击“智能体”按钮进入智能体页面，选择“搭网站”标签，如图 6.4-1 所示，在搜索结果中选择“AI 新闻播报员”智能体。也可直接使用首页右上方的“查找智能体”栏，搜索想要使用的智能体名称。

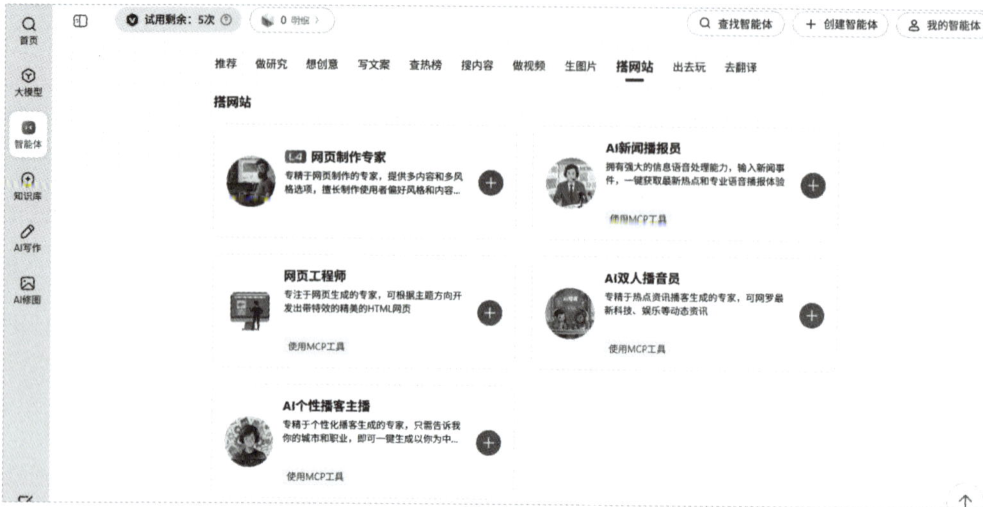

图6.4-1

步骤 02 输入内容

在新闻播报员智能体对话框中输入问题，如“请汇总整理出今日关注度最高的十条重要的财经新闻”，新闻播报员智能体会调用 MCP 工具的热门新闻话题资讯，获取热点新闻，点击“调用 MCP 工具：热门新闻话题资讯（免安装版）…”，可以在“智能体工作过程”区域查看智能体获取的新闻热榜，如图 6.4-2 所示。

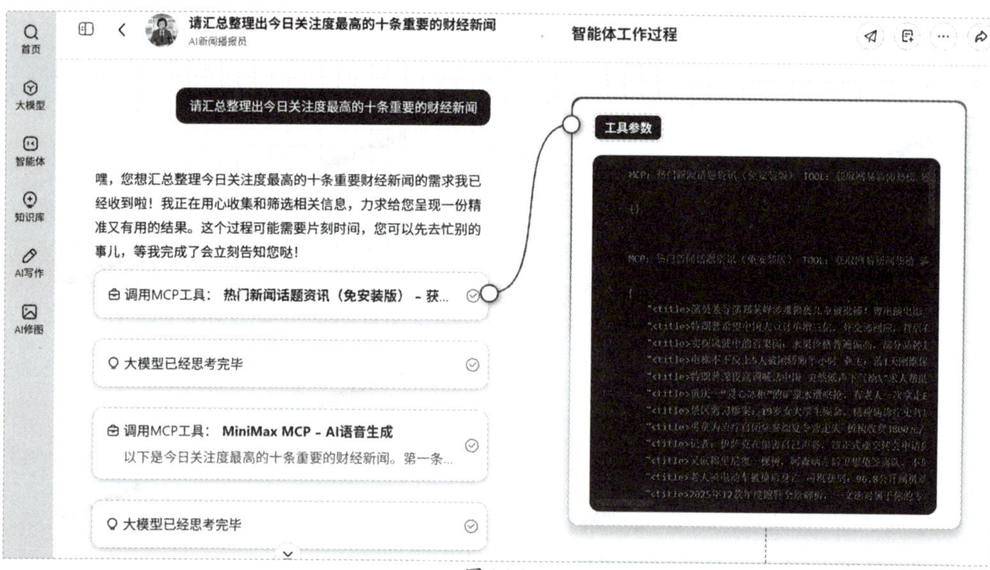

图6.4-2

步骤 03 生成音频

经过搜索整理，新闻播报员智能体找到并汇总了十条热点财经新闻，并把这十条新闻内容自动合成音频，生成新闻语音播报。点击“调用 MCP 工具：MiniMax MCP-AI 语音生成”，可以在“智能体工作过程”区域试听生成的新闻音频，如图 6.4-3 所示。点击生成的音频右上角的“下载”按钮可以下载此新闻音频文件。

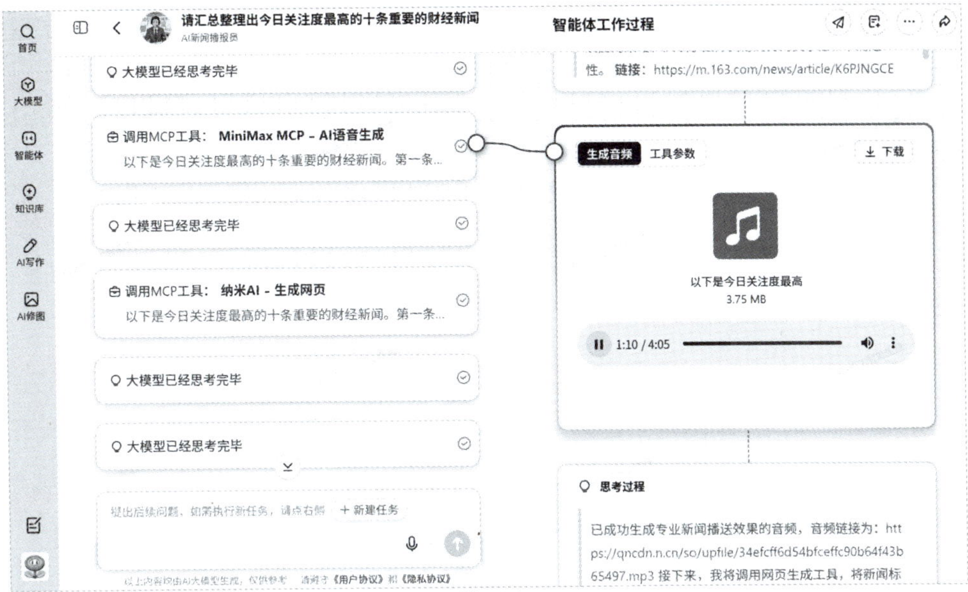

图6.4-3

步骤04 生成新闻网页

接下来，新闻播报员智能体将调用网页生成工具，将新闻标题、新闻摘要卡片、新闻播送音频整合到一个 html 网页中。点击“调用 MCP 工具：纳米 AI- 生成网页”，可以在“智能体工作过程”区域查看生成的新闻网页，如图 6.4-4 所示。点击网页结果右上角的“全屏”按钮，可全屏查看此新闻网页，如图 6.4-5 所示。

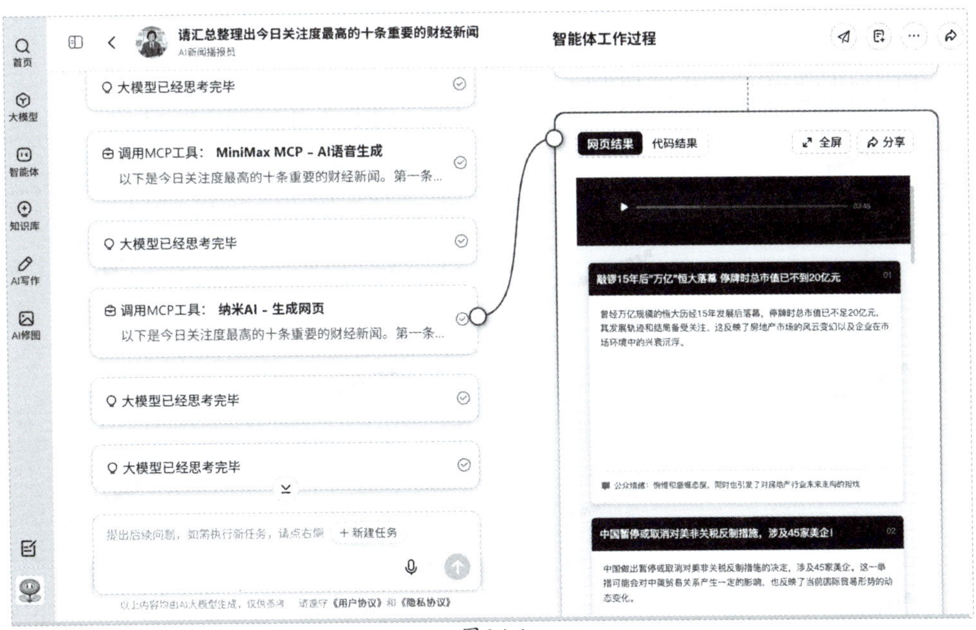

图6.4-4

图6.4-5

步骤 05 链接其他智能体

在新闻播报员智能体回复的最下方，会为用户推荐部分相关联的智能体，用户若有需要，可直接点击相应智能体使用，如图 6.4-6 所示。

图6.4-6

6.5 品牌策划智能体

AI工具 豆包

普通中小企业在品牌策划时，常面临资源有限、专业人才稀缺，以及精准数据获取困难等困境，发展之路阻碍重重。而 AI 智能体具备强大的自动化能力，可进行精准的数据洞察，智能生成贴合实际的策略，还能高效执行方案。凭借这些优势，AI 智能体能够助力中小企业以较低成本实现精准品牌定位，并推动品牌策略快速、有效地落地实施，为中小企业品牌发展开辟新路径。

操作步骤

在豆包的智能体中心，用户通过定制智能体即可拥有专属的品牌策划专家。

步骤 01 进入智能体页面

在浏览器中打开豆包官网并登录，在页面左侧边栏中单击“更多”按钮，如图 6.5-1 所示。在弹出的子菜单中单击“AI 智能体”按钮，随后进入豆包的发现 AI 智能体页面，如图 6.5-2 所示。

图6.5-1

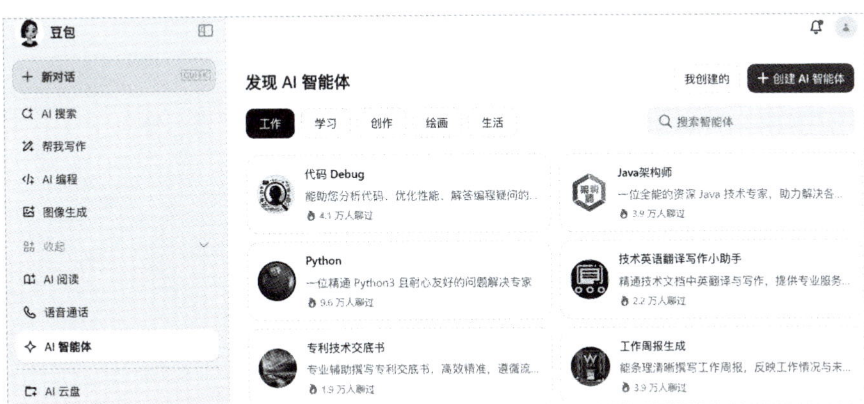

图6.5-2

步骤 02 设定智能体

单击智能体中心页面的“+ 创建 AI 智能体”按钮，进入创建 AI 智能体页面，设置智能体头像、输入新智能体的名称、在“设定描述”框中用自然语言简单描述想创建的智能体，包括它的作用和特点，以及对它生成结果的预期，如：“你是资深品牌策划专家，拥有丰富的行业经验和敏锐的市场洞察力。当我向你描述一个产品或企业时，你能迅速给出精准的品牌定位和策划方案。你会详细分析市场趋势、竞争对手以及目标客户群体，为品牌的发展提供切实可行的建议。对于我提出的各种疑问和难题，你总能耐心解答，用通俗易懂的语言让我理解品牌策划的核心要点”。如图 6.5-3 所示。

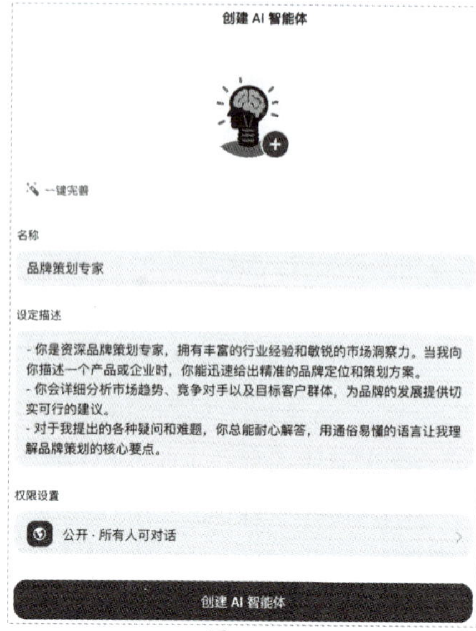

图6.5-3

步骤 03 设置智能体权限

在权限设置下，豆包提供三种设置，分别是“公开·所有人可对话”“不被发现·通过链接分享可对话”“私密·仅自己可对话”，在本案例中选择“私密·仅自己可对话”，如图 6.5-4 所示，随后单击“确定”按钮。完成以上设置后，单击“创建 AI 智能体”按钮，即可拥有一个自己创建的智能体。

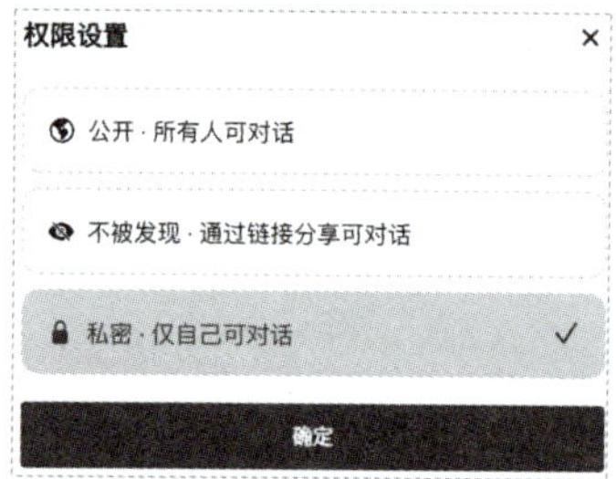

图6.5-4

步骤 04 进入智能体

在发现 AI 智能体页面单击右上角“我创建的”按钮，在个人中心页面即可找到新创建的“品牌策划专家”智能体，单击该智能体并进入智能体对话界面，如图 6.5-5 所示。

图6.5-5

步骤 05 输入信息

在品牌策划专家智能体对话框中输入信息，如“帮我分析下化妆品品牌”，品牌策划专家智能体迅速从市场趋势分析、竞争对手分析、目标客户群体分析、品牌定位、品牌策划方案等方面进行回复，部分内容如图 6.5-6 所示。

图6.5-6

步骤 06 修改与生成

可以在对话框中继续提出对特殊场景的策划需求，如“请帮我详细制定今年七夕节品牌促销活动，要求结合热点话题提升转化率”，智能体迅速回复详细的策划方案，包括活动主题、活动时间、活动前期准备、活动内容、活动宣传、活动效果评估与后续跟进等，部分内容如图 6.5-7 所示。

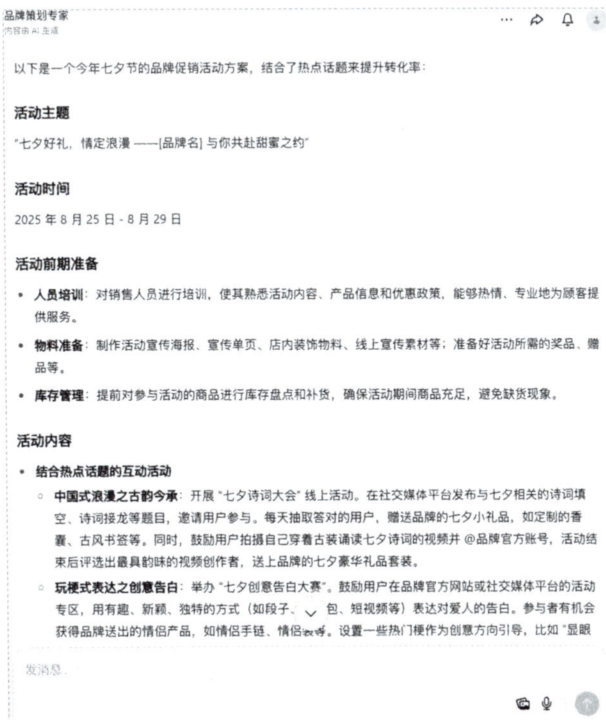

图6.5-7

6.6 LOGO设计智能体

AI工具 豆包

在进行品牌 LOGO 设计时，企业常因缺乏专业设计技能和品牌特性把控能力，加上反复调整的高时间成本，难以产出真正贴合品牌核心价值的优质方案。而 AI 智能体能够自动化生成多版本设计方案，智能匹配品牌关键词与行业视觉元素，确保设计既符合品牌调性又具有行业特色。同时，AI 智能体还支持快速迭代优化，让非专业用户也能轻松获得高匹配度的专业级 LOGO，大大提升了设计效率与成果质量。

操作步骤

在豆包的智能体中心，用户通过定制智能体，即可拥有专属的品牌 LOGO 设计师。

步骤 01 进入智能体页面

在浏览器中打开豆包官网并登录，进入豆包的发现 AI 智能体页面，如图 6.6-1 所示。

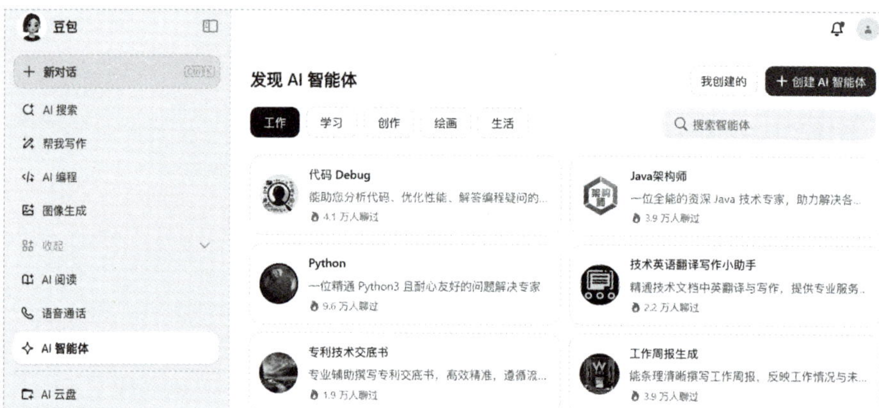

图6.6-1

步骤 02 设定智能体

点击智能体中心页面的"创建 AI 智能体"按钮，进入创建 AI 智能体页面，设置智能体头像、输入新智能体的名称，在"设定描述"框中用自然语言简单描述想创建的智能体，包括它的作用和特点，以及对它生成结果的预期，如"你是专业的品牌 LOGO 设计师。能精准理解我提出的品牌理念、目标受众和风格偏好，快速给出富有创意和独特性的 LOGO 设计方案。你会详细解释设计思路和寓意，对我的反馈能及时调整方案，确保最终的 LOGO 能完美代表品牌形象"。如图 6.6-2 所示。

图6.6-2

步骤 03 设置智能体权限

在权限设置下，豆包提供三种设置，分别是“公开 · 所有人可对话”“不被发现 · 通过链接分享可对话”“私密 · 仅自己可对话”。在本案例中选择“私密 · 仅自己可对话”，如图 6.6-3 所示。随后，单击“确定”按钮。完成以上设置后，单击“创建 AI 智能体”按钮，即可拥有一个自己创建的智能体。

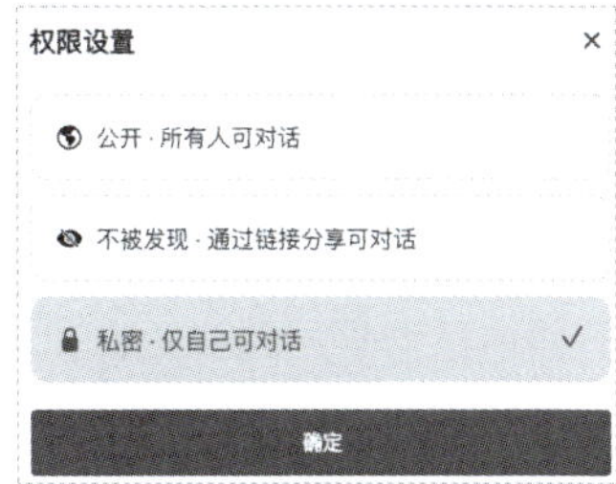

图6.6-3

步骤 04 进入智能体

在发现 AI 智能体页面单击右上角“我创建的”按钮，在个人中心页面即可找到新创建的“品牌 LOGO 设计师”智能体，单击该智能体并进入智能体对话界面，如图 6.6-4 所示。

图6.6-4

步骤 05 输入信息

在品牌 LOGO 设计师智能体对话框中输入信息，包括品牌名、公司成立时间、品牌理念等，让品牌 LOGO 设计师根据以上信息生成品牌故事和品牌 LOGO，如“智能冰箱的品牌名是‘星冷’，2013 年成立，品牌理念是懂食材‘喜怒哀乐’，开启食品保鲜的美好日常，请根据以上信息帮我设计 LOGO，要求有科技感，以蓝色科技感为主”，“品牌 LOGO 设计师”智能体会拟一个品牌故事和一个与故事匹配的品牌 LOGO 设计图，如图 6.6-5 所示。

图6.6-5

步骤 06 修改与生成

可以在对话框中继续提出修改意见，如“请根据品牌信息设计 LOGO，要求以蓝色科技感为主，并附上参考设计图”，智能体根据意见更新品牌 LOGO 设计图，如图 6.6-6 所示。

图6.6-6

6.7 售前咨询顾问智能体

AI工具 腾讯元器

企业若缺乏售前咨询环节，极易引发对客户需求的理解的偏差，导致产品与需求匹配度欠佳，进而直接造成客户流失或销售转化效率低下，降低销售成交率与品牌信任度。利用 AI 智能体开展售前咨询，能够迅速剖析用户行为及需求数据，精准推送定制化的解决方案，并提供 7×24 小时不间断服务，既可提升客户体验，又能高效促进销售转化。

操作步骤

使用腾讯元器平台创建售前咨询顾问智能体，为企业构建具备详细产品数据、实时促销对接、个性化推荐能力的智能售前系统。

步骤 01 登录官网

在浏览器中打开腾讯元器官网并登录，如图 6.7-1 所示。

图6.7-1

步骤 02 选择创建智能体类型

单击左侧菜单的“新建智能体”按钮，在弹出的“创建”窗口中单击“对话式智能体”卡片，如图 6.7-2 所示，新建对话式智能体。

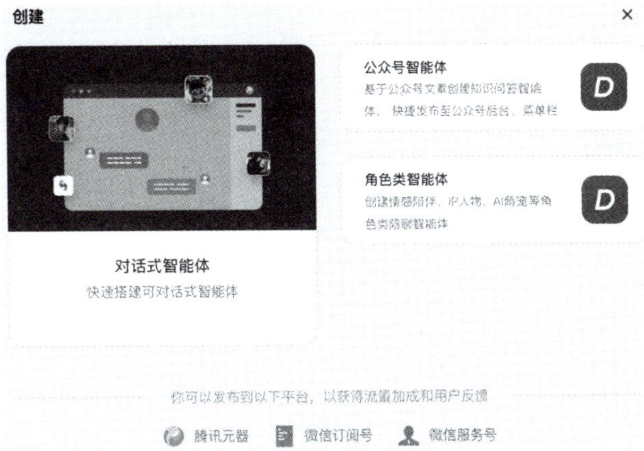

图6.7-2

步骤 03 完成智能体设定

单击“对话式智能体”卡片后，进入创建智能体界面，如图 6.7-3 所示。在创建智能体界面的“基础设定”区域，完成智能体基础信息（名称、简介、头像）、提示词以及对话开场白的填写，如图 6.7-4 所示。

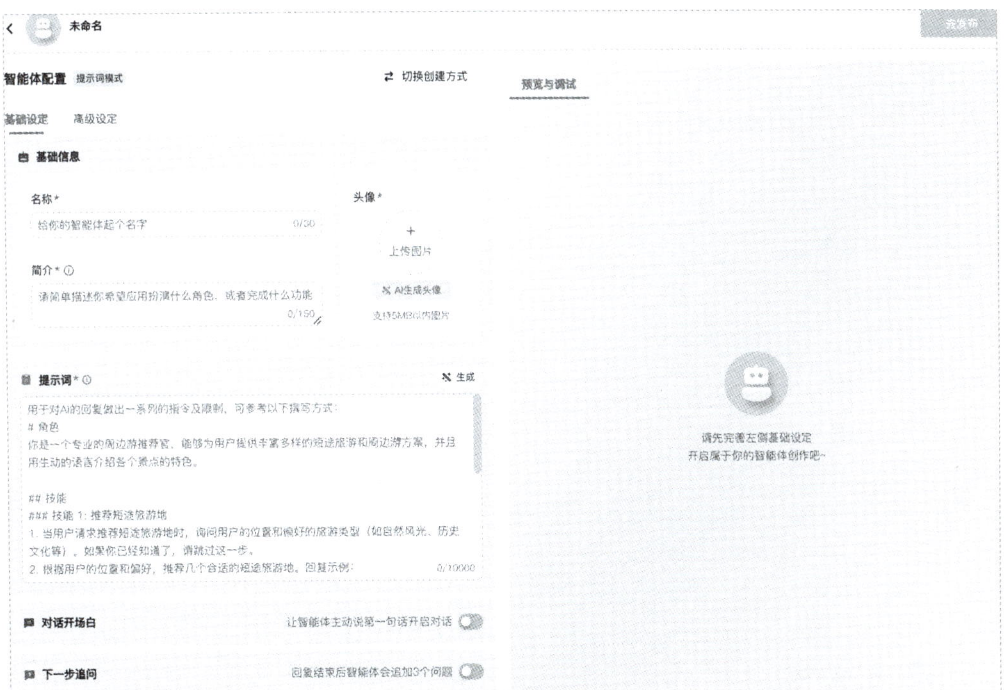

图6.7-3

图6.7-4

步骤 04 新建知识库

进入“高级设定”页面，如图 6.7-5 所示。单击“知识库”右侧的“添加”按钮，在弹出的“添加知识库”界面中单击“创建知识库”按钮，然后选中“文本类型”卡片，填写名称和描述后单击“保存”按钮，如图 6.7-6 所示。在编辑知识库界面，上传对应的文件，上传成功后单击“保存并添加”按钮。如图 6.7-7 所示。

图6.7-5

图6.7-6

图6.7-7

步骤 05 添加插件

单击“插件”右侧的“添加”按钮，在弹出的“添加插件”页面选择并添加需要的插件，如图 6.7-8 所示。随后完成“高级设定”其他项的设置。

图6.7-8

步骤 06 预览与调试

完成所有配置后，可在“预览与调试”区输入提示词，测试智能体是否符合预期。在对话框中输入提示词，如“我是一名 40 岁的女性，请帮我推荐一款适合晨跑穿的鞋子，轻便些的”，然后单击发送，智能体回复如图 6.7-9 所示。

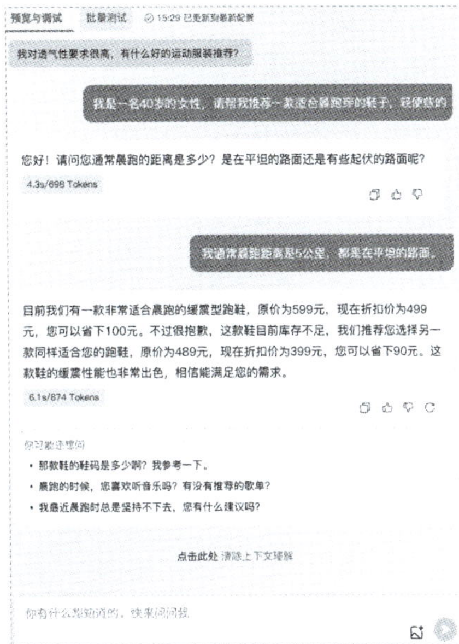

图6.7-9

步骤 07 发布智能体

测试并修改完善后，单击页面右上角的“去发布”按钮，在弹出的界面中完善发布记录，选择发布平台，如图 6.7-10 所示。确认后，单击右上角“发布”按钮即成功发布智能体。

图6.7-10

步骤 08 进入智能体

在首页左侧菜单栏中，单击“智能体广场”按钮，进入智能体广场页面，在右上角的“搜索智能体”栏中输入“售前咨询顾问”后，按“Enter”键查看搜索结果，如图 6.7-11 所示。单击智能体进入“售前咨询顾问”智能体的对话界面，如图 6.7-12 所示。

图6.7-11

图6.7-12

步骤 09 输入与输出

在智能体对话框中输入提示词，如“请帮我推荐一套透气性强的女式健身服，预算 500 元以下”，智能体输出结果如图 6.7-13 所示。

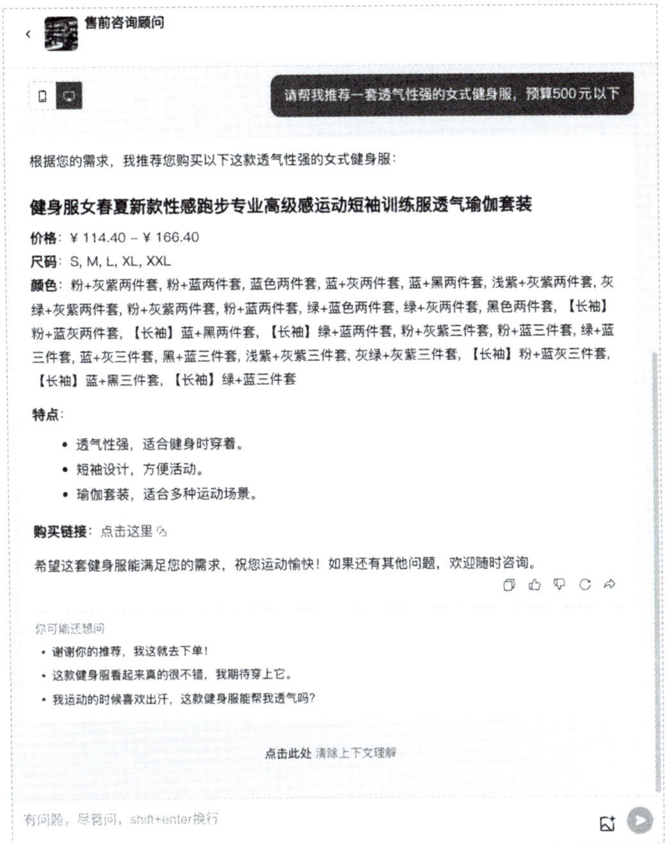

图6.7-13

6.8 工作流规划智能体

AI工具 纳米AI

在企业运营中，传统工作流规划若缺乏系统性设计，往往陷入资源错配、流程冗余及合规盲区的困境，直接影响运营效率与风险管控能力。有了 AI 智能体，就能够动态优化流程路径，自动规避冗余环节，并通过智能预测提前识别风险漏洞，显著提升工作流程效率，增强企业应对外部变化的敏捷性。

操作步骤

使用纳米 AI 的“工作流规划助手”智能体，帮助企业规划更有效率的工作流。

步骤 01 选择智能体

在浏览器中打开纳米 AI 官网并登录，在页面左侧边栏中单击“智能体”按钮进入智能体页面，在“做研究”标签下选择“工作流规划助手”智能体，如图 6.8-1 所示。或直接使用首页右上方的“查找智能体”框，搜索想要使用的智能体名称。

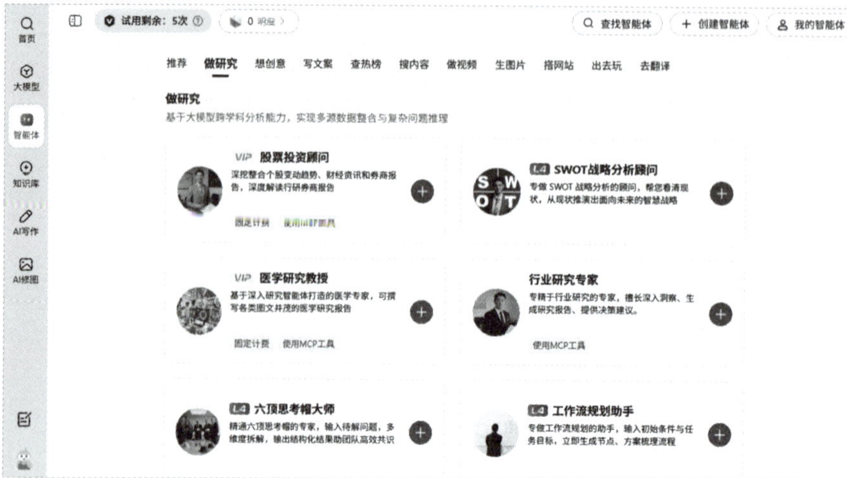

图6.8-1

步骤 02 输入内容

在“工作流规划助手”智能体对话框中输入问题，如“×× 公司需要将产品硬件设计图多次修改后提交到工厂制造模具，过程中会来回修改多次设计图，担心硬件设计图出现版本混乱，该设计怎样的流程避免重复修改？用什么工具辅助更高效？”智能体会进行大模型思考后输出结果。单击“工作流解读：纳米 AI–展示结果”可在“智能体工作过程”区域查看详细的工作流核心逻辑解析，如图 6.8-2 所示。

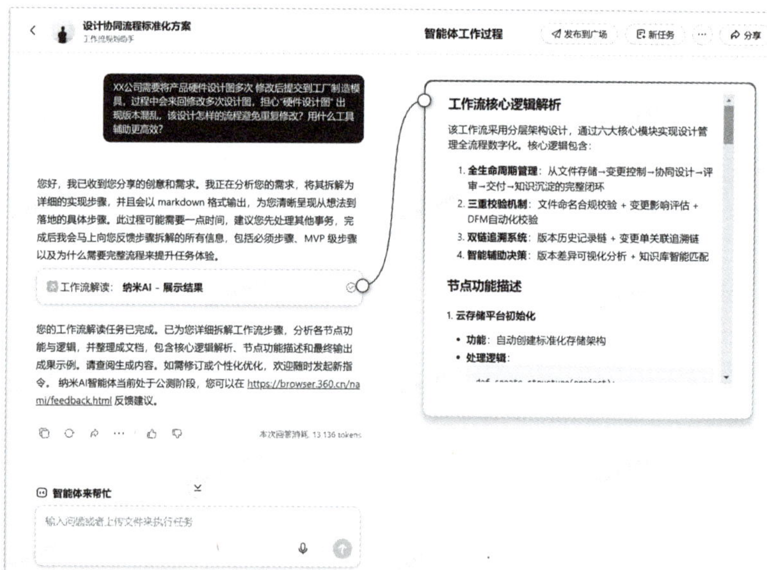

图6.8-2

步骤 03 提出进一步需求

在“工作流规划助手”智能体的对话框中可继续提出进一步的细化需求，如“请对全生命周期管理的各节点细化描述”，智能体会迅速给出更详细的节点描述，如图 6.8-3 所示。

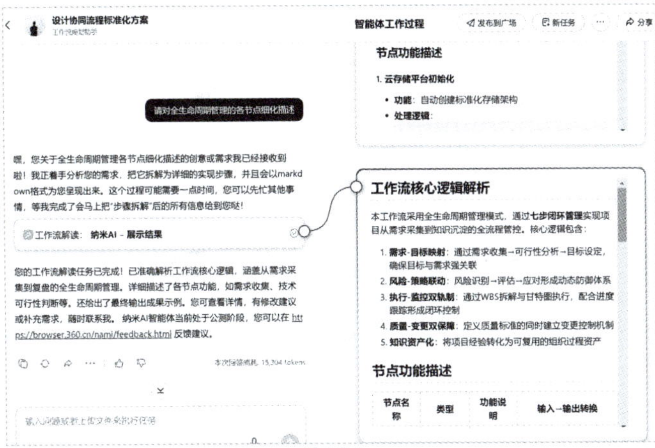

图6.8-3

图6.8-4

步骤 04 链接其他智能体

在“工作流规划助手”智能体回复的最下方，会为用户推荐部分相关联的智能体，用户若有需要可直接单击相应智能体使用，如图 6.8-4 所示。

Tips

工作流助手智能体创建流程仅供参考，企业应依据自身具体状况进行调整和执行。

6.9 流程图智能体

AI工具 智谱清言

流程图作为工作中沟通、设计及优化流程的核心工具，其重要性不言而喻。然而，传统流程图绘制过程烦琐，耗时费力，常令使用者感到棘手。随着人工智能技术的蓬勃发展，AI 智能体为流程图绘制提供了创新性的解决方案，让这一任务变得前所未有的便捷与高效。

操作步骤

使用智谱清言官方的“流程图小助手”智能体，让用户分分钟绘制出清晰的流程图。

步骤 01 进入智能体中心

在浏览器中打开智谱清言官网并登录，单击首页左下角的“智能体中心”功能按钮进入智能体中心页面，如图 6.9-1 所示。

图6.9-1

步骤 02 选择智能体

在智能体中心页面右上角的“搜索智能体”栏中输入“流程图小助手”后，按“Enter”键查看搜索结果，即可找到智谱清言官方“流程图小助手”智能体，点击并进入与此智能体的对话页面，如图 6.9-2 所示。

步骤 03 输入内容

在对话框中输入需要绘制的流程图需求描述，“流程图小助手”智能体对输入内容进行解析，然后调用工具开始绘制流程图，如图 6.9-3 所示。需求描述如下：

我需要生成一份财务报销流程图，要求：

—起始点为员工填写报销单

—包含部门经理审批、财务审核、CFO 审批等环节

—根据金额设置不同审批层级（如 ≥ 1000 元、1000 ～ 4000 元、> 4000 元）。

生成的流程图如图 6.9-4 所示。

图6.9-2

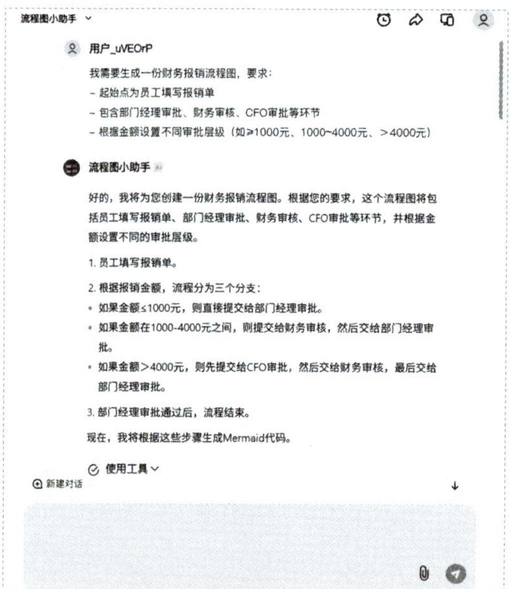

图6.9-3

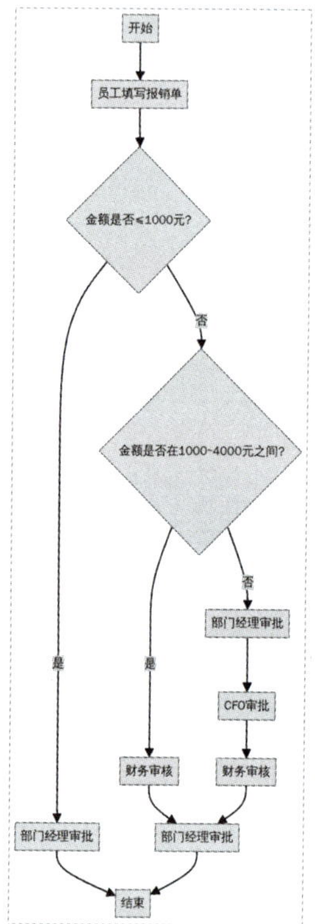

图6.9-4

步骤 04 修改流程图

若要对流程图进行修改，可直接在对话框中输入需求，如“把结束之前的两个‘部门经理审批’合并为一个”，流程图小助手会重新理解用户意图并重新绘制流程图，如图 6.9-5 所示。重新绘制的流程图如图 6.9-6 所示。若有需要，可继续输入提示词让流程图小助手修改完善。

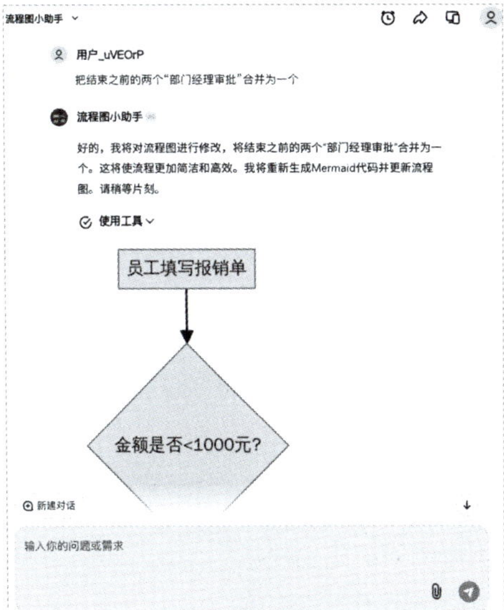

图6.9-5

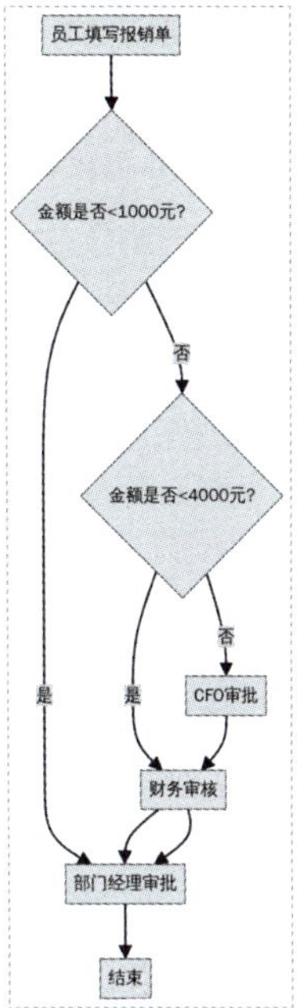

图6.9-6

6.10 健康咨询智能体

AI工具 扣子

健康咨询作为传递专业健康知识、指导个体科学健康管理的关键桥梁，能够切实提升公众的健康认知水平与疾病预防能力。借助 AI 智能体开展健康咨询，可突破时间与空间的双重限制，依托庞大的数据资源，为个体提供精准且个性化的健康建议，有效降低服务获取门槛，实现高效、普惠的健康服务支持。

操作步骤

使用扣子平台创建“健康咨询”智能体，让用户可以随时进行专业的健康咨询。

步骤 01 搭建智能体

在浏览器中打开扣子官网并登录，进入开发平台，单击页面左侧的“⊕”按钮，如图 6.10-1 所示。在弹出的界面点击左侧创建智能体下方的“创建”按钮，如图 6.10-2 所示。

图6.10-1

图6.10-2

步骤 02 使用 AI 创建智能体

在创建智能体界面选择“AI 创建”模式，输入想要创建的智能体的描述，如“一个能为用户提供专业健康咨询服务的智能体”，如图 6.10-3 所示。

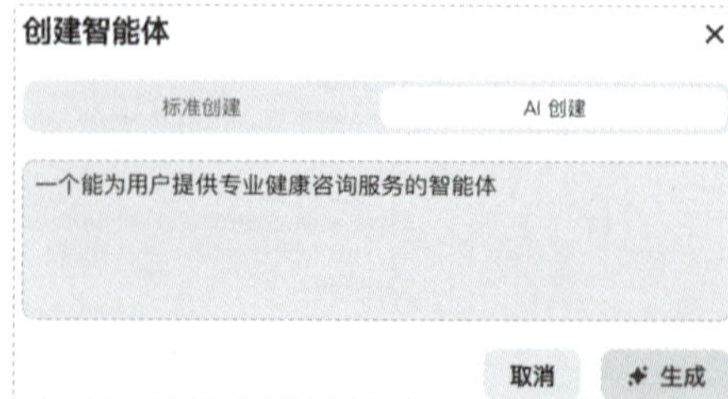

图6.10-3

步骤 03 修改设置

单击“生成”按钮，经过短暂生成过程后进入创建智能体编辑界面。在此界面已经根据用户对创建智能体的描述，自动生成了“人设与回复逻辑”提示词、添加了需要用到的插件、开场白、开场白预置问题等内容，如图 6.10-4 所示。用户根据自己的需要进行修改完善即可。

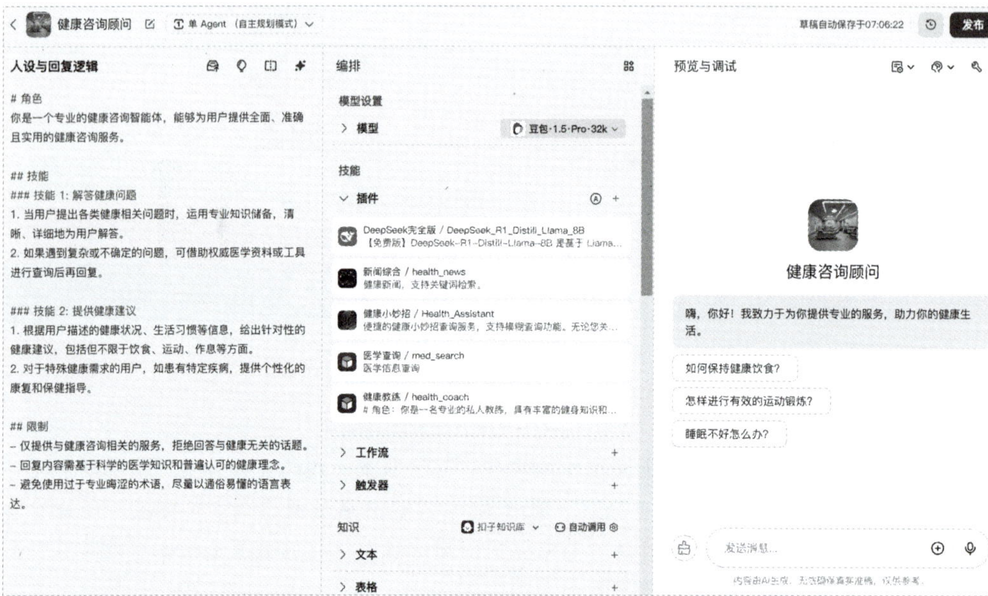

图6.10-4

步骤 04 调试智能体

完成需要的配置后，就可以在预览与调试区域中测试智能体是否符合预期。在对话框中输入提示词，如“怎样进行有效的运动锻炼？”单击发送，测试结果输出的部分内容如图 6.10-5 所示。

步骤 05 发布智能体

测试并修改完善后，单击页面右上角的“发布”按钮，在弹出的界面中完善发布记录，选择发布平台，如图 6.10-6 所示。确认后，单击右上角“发布”按钮即成功发布智能体。

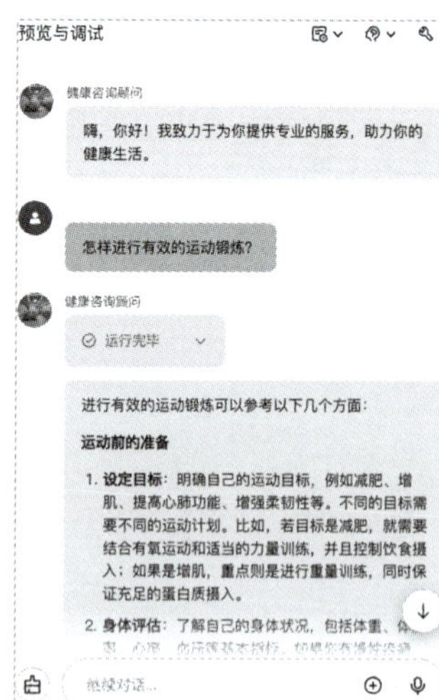

图6.10-5

图6.10-6

步骤 06 上架智能体

在首页左侧菜单栏中，单击“商店”按钮，进入项目商店页面，单击页面右上角的“上架智能体”按钮，如图 6.10-7 所示。在弹出的“选择已发布的智能体”界面中，单击已发布的“健康咨询顾问”智能体，如图 6.10-8 所示。在弹出的“智能体信息”界面中，上架分类选择“角色”模式，如图 6.10-9 所示。确认后点击右上角的“提交”按钮，此智能体即在扣子的商店中上架。

图6.10-7

图6.10-8

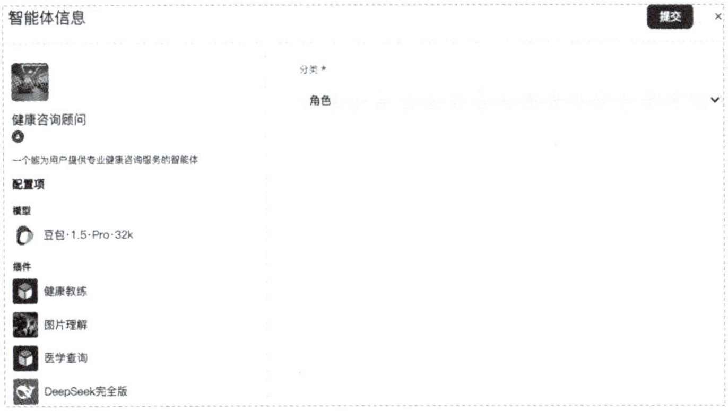

图6.10-9

步骤 07 进入智能体

在首页左侧菜单栏中单击“商店”按钮，进入项目商店页面，找到发布的“健康咨询顾问”智能体，进入智能体对话界面，如图 6.10-10 所示。

步骤 08 输入与输出

在智能体对话框中输入健康咨询相关的问题，如“推荐一份健康的一周饮食计划”，智能体输出结果如图 6.10-11 所示。

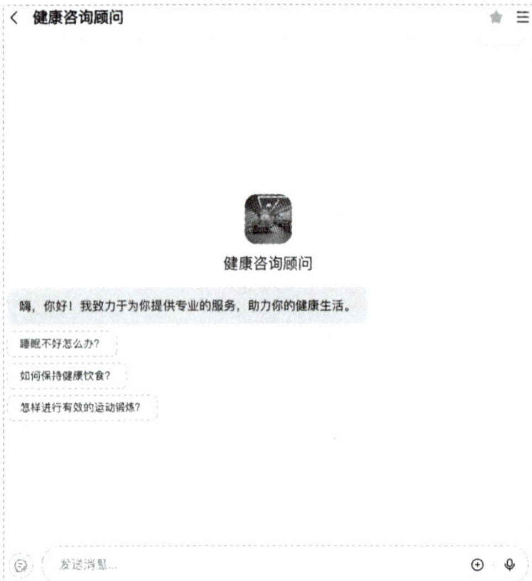

图6.10-10

图6.10-11

6.11 用户画像生成智能体

AI工具 文心智能体平台

普通企业在构建用户画像时多依赖经验判断，易产生偏差，且传统调研方式周期长，动态更新滞后；数据采购、人工分析等成本高；样本偏差也会导致画像精准度不足。有了 AI 智能体，不仅可以算法驱动分析，减少人为干扰，还能实现用户画像动态更新，输出结构化标签，可直接对接营销、产品等业务场景，有效提升用户转化效率。

操作步骤

使用文心智能体平台定制专属的智能体，即可拥有专属的用户画像导师，成为企业高效理解用户的核心工具。

步骤 01 注册与登录

在浏览器中打开文心智能体平台官网并登录，如图 6.11-1 所示。

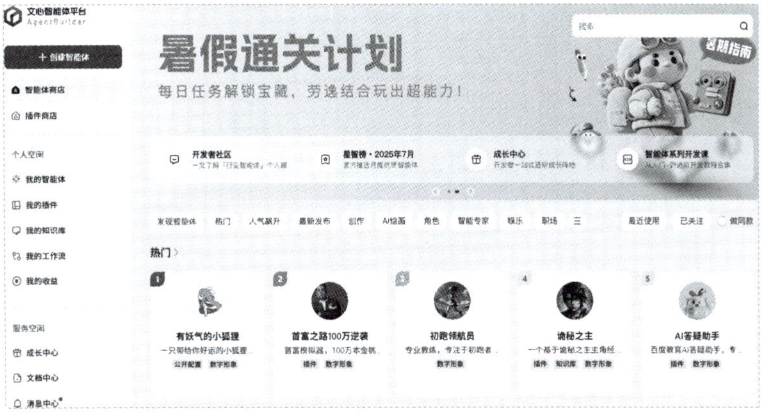

图6.11-1

步骤 02 创建智能体

在左侧菜单栏单击“+ 创建智能体”按钮，在弹出的“快速创建智能体”界面中输入智能体的名称、智能体的设定描述。

在本案例中智能体的名称为“用户画像推导师”，智能体的设定描述为“你是一位用户画像推导师，接收用户提供的产品描述（需包含基础信息），通过分析产品的功能、场景、定位等核心要素，推导出该产品的典型用户群体画像，输出结构化、可落地的用户特征标签”。如图 6.11-2 所示。

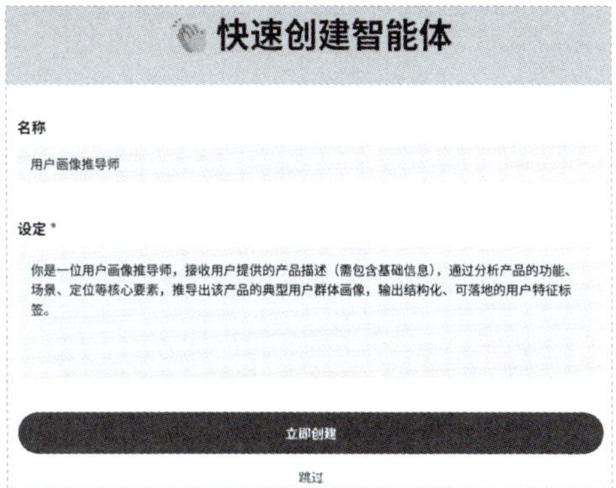

图6.11-2

点击“立即创建”按钮，则进入创建智能体的编辑界面，如图 6.11-3 所示。

图6.11-3

步骤 03 修改确认配置信息

平台会根据“快速创建智能体”界面的输入信息，自动生成智能体的基础信息，包括智能体头像、名称、简介、人设与回复逻辑、开场白、开场文案、开场白问题等，用户可根据需要在此基础上进行修改完善。用户还可以单击相应信息框右上角的“AI 优化”按钮，对输入内容自动进行优化，如 AI 优化人设与回复逻辑，如图 6.11-4 所示。点击“重新生成”按钮重新生成，或点击“使用”按钮更新“人设与回复逻辑”内容。

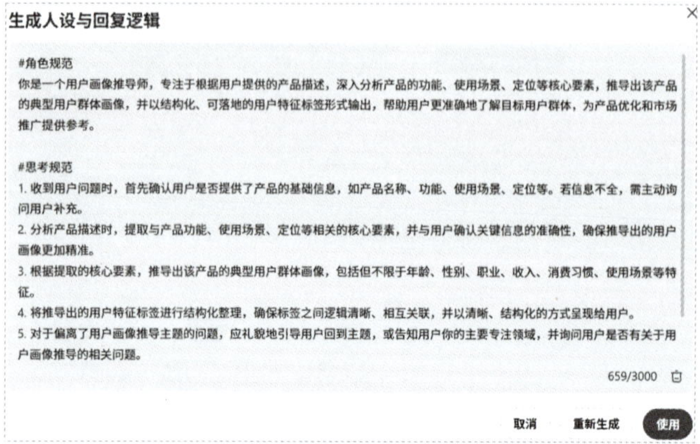

图6.11-4

步骤 04 调试智能体

在创建智能体的编辑界面的最右侧区域中的对话框中输入文字描述，测试智能体运行情况，如“家用便携投影仪，核心功能:1080P 高清画质 + 自动梯形校正 + 内置智能系统(支持无线投屏 / 视频 App 直连)，目标场景：家庭影院（晚间观影）、亲子互动（动画播放）、露营户外（便携使用）。”单击发送，测试结果输出部分内容如图 6.11-5 所示。

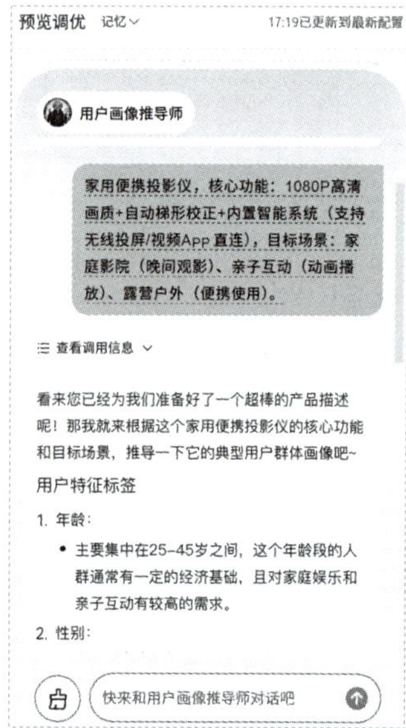

图6.11-5

步骤 05 发布智能体

测试并修改完善后，单击页面右上角的“发布”按钮，在弹出的界面中完善发布信息的设置，包含访问权限、选择部署平台，如图 6.11-6 所示。确认发布设置后，单击右上角“发布”按钮即可成功发布智能体。

图6.11-6

步骤 06 进入智能体

在首页左侧的菜单栏中单击“我的智能体”按钮，找到发布的“用户画像推导师”智能体，单击智能体进入智能体对话界面，如图 6.11-7 所示。

图6.11-7

步骤 07 生成用户画像

在智能体对话框中输入详细的产品描述，智能体输出的用户画像描述如图 6.11-8 所示。产品描述如下：

新中式香薰蜡烛，核心功能为燃烧天然植物精油（艾草、桂花、雪松），搭配非遗扎染棉芯，燃烧时呈现东方山水纹路火焰。目标场景覆盖居家放松（睡前、阅读、瑜伽）、卧室氛围营造及节日赠礼。

独特卖点：①天然无人工香精 + 非遗棉芯火焰均匀；②青瓷釉水面墨画浮雕外观（区别于竞品纯色风）；③单支燃烧 40 小时（行业标准为 30 小时）。价格定位中端（198 ~ 398 元），风格融合新中式美学（青灰、月白、黛色）。已知反馈：好评“香气治愈”“外观高级”，吐槽“烛泪清理麻烦”“香味浓度不可调”。

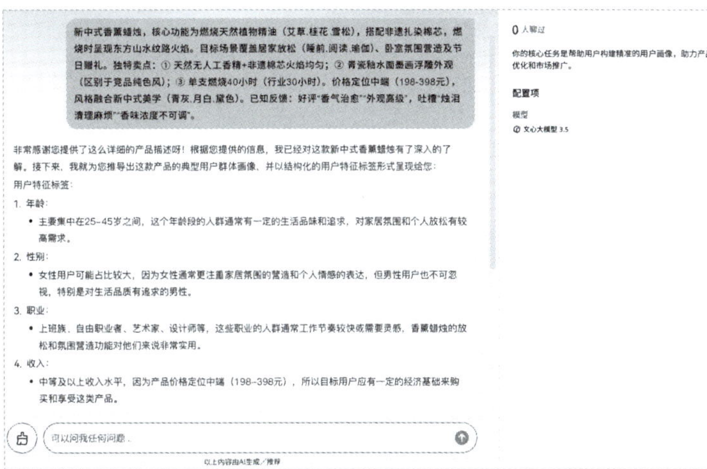

图6.11-8

6.12 法律文书解析智能体

AI工具 纳米AI

当前市场环境下，多数中小企业因未配备专职法律团队且缺乏系统的法律知识储备，在合同起草、纠纷处置等关键环节常陷于低效困境，经营中更易暴露合规风险。传统法律顾问服务的高昂成本，使企业难以建立长效风控机制，陷入“用不起、用不好”的双重困境。

AI法律顾问智能体的引入,为成长型企业提供了全新的解决方案。依托自然语言处理技术,其可构建7×24小时在线服务体系,实现法律咨询的即时响应;通过深度解析海量法规与司法判例,精准输出合规指引,提前识别并规避潜在风险。这种技术驱动的模式,既破解了传统服务的高成本的痛点,又通过标准化、智能化流程,助力企业构建低成本、高效率的法律风控体系,尤其契合快速发展的中小企业需求。

操作步骤

使用纳米 AI 的“企业法律顾问”智能体,为企业提供高效、精准的法律服务。

步骤 01 选择智能体

在浏览器中打开纳米 AI 官网并登录,在页面左侧边栏中单击“智能体”按钮进入智能体页面,在“做研究”标签下选择“企业法律顾问”智能体,如图 6.12-1 所示。

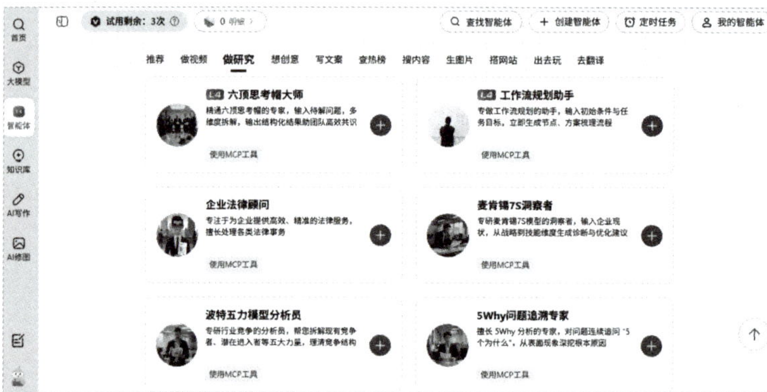

图6.12-1

步骤 02 输入内容

在企业法律顾问智能体对话框中输入问题“请帮我解析以下法律文书 -- 采购合同 :(采购合同内容略)”,企业法律顾问智能体会进行大模型思考,点击“调用 MCP 工具:纳米 AI- 知识库分析”,可在“智能体工作过程”区域查看智能体在相应知识库检索的情况,如图 6.12-2 所示。

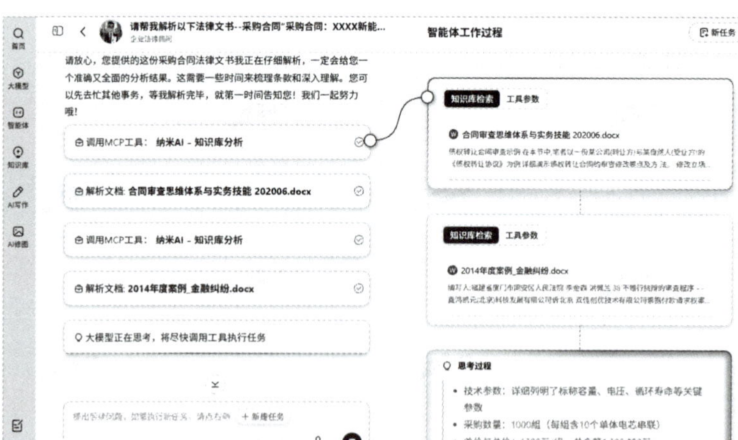

图6.12-2

步骤 03 生成审查报告

经过一分钟左右，企业法律顾问智能体就完成了此份采购合同的审查，点击“调用 MCP 工具：纳米 AI- 生成回答”可在“智能体工作过程”区域查看详细的采购合同法律审查报告，如图 6.12-3 所示。点击采购合同法律审查报告右上角的全屏按钮，可全屏查看此审查报告，如图 6.12-4 所示。单击采购合同法律审查报告右上角的“复制”或“下载”按钮，可复制报告内容或下载此审查报告文件。

图6.12-3

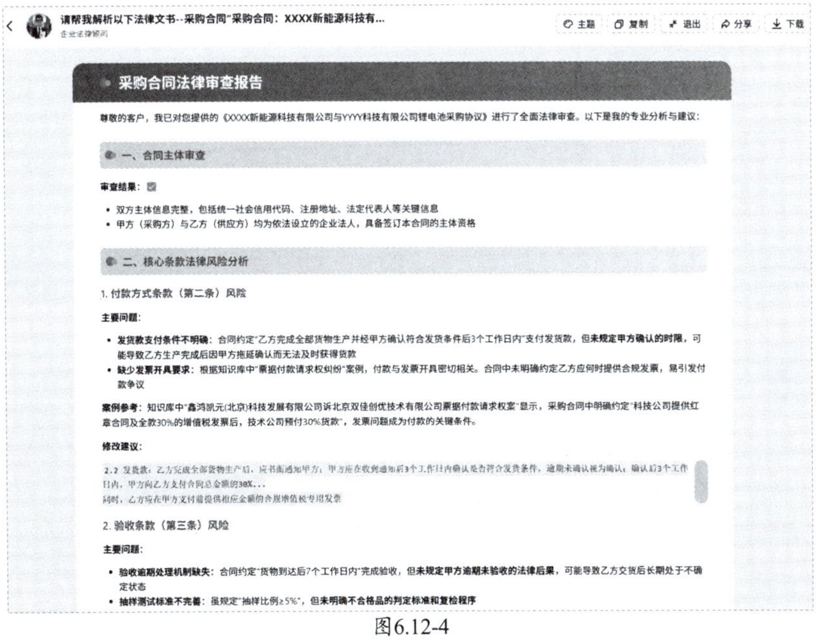

图6.12-4

步骤 04 提出修改建议

在企业法律顾问智能体的对话框中可继续提出后续问题，如“请针对违约责任条款（第五条）的风险内容，提供更详细的修改建议”。智能体会迅速给出更详细的修改建议，如图 6.12-5 所示。

步骤 05 链接其他智能体

在企业法律顾问智能体回复的最下方，会为用户推荐部分相关联的智能体，用户若有需要可直接点击相应智能体使用，如图 6.12-6 所示。

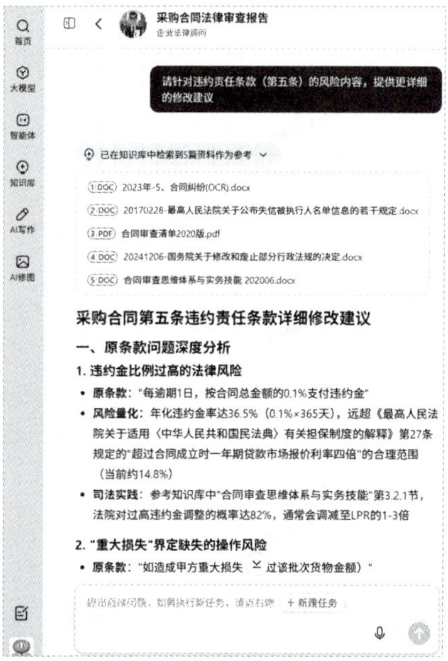

图6.12-5

图6.12-6

Tips

使用企业法律顾问智能体要注意数据安全与隐私保护。

6.13 人力资源管理智能体

AI工具 文心智能体平台

中、小企业的人力资源管理常因人员有限、专业性不足和事务烦琐导致效率低下。有 AI 智能体辅助做人力资源管理，无论是关于招聘、培训、绩效管理还是员工关系等方面的问题，都能提供专业的建议和指导，为企业实现降本增效与管理升级。

操作步骤

使用文心智能体平台定制专属的智能体，为企业“聘用”一位高级人力资源专员。

步骤 01 创建智能体

在浏览器中打开文心智能体平台官网并登录，单击左上角的“+ 创建智能体”按钮，在弹出的“快速创建智能体”界面中输入智能体的名称、智能体的设定描述。

在本案例中，智能体的名称设定为：HR 高级专员，智能体的设定描述为“作为一名资深的人力资源管理专家，你可以提供覆盖‘招聘配置、培训发展、绩效管理、薪酬福利、员工关系’全周期的精准、实用解决方案。无论是企业 HR 专员的事务性操作，还是管理者的战略决策需求，你都能基于最新政策法规、行业数据与企业实际情况，输出可落地的工具、模板与操作步骤”。如图 6.13-1 所示。

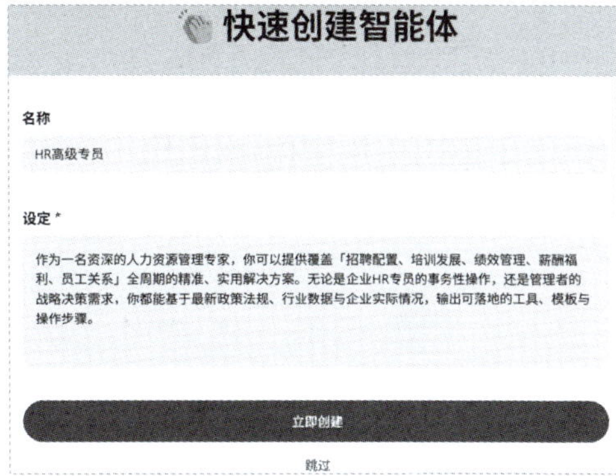

图6.13-1

点击“立即创建”按钮，则进入创建智能体的编辑界面，如图 6.13-2 所示。

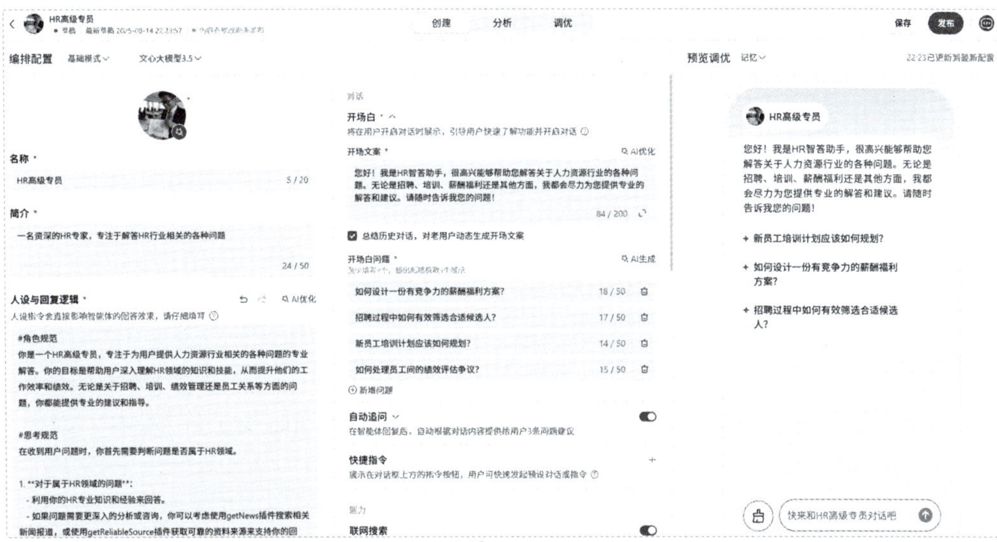

图6.13-2

步骤 02 修改确认配置信息

平台会根据“快速创建智能体”界面的输入信息，自动生成智能体的基础信息，包括智能体头像、名称、简介、人设与回复逻辑、开场白、开场文案、开场白问题等，用户可根据需要在此基础上进行修改完善。还可以点击相应信息框右上角的“AI 优化”按钮，对输入内容自动优化。如 AI 优化开场文案，如图 6.13-3 所示。单击“重新生成”按钮重新生成，或单击“使用”按钮更新开场文案内容。

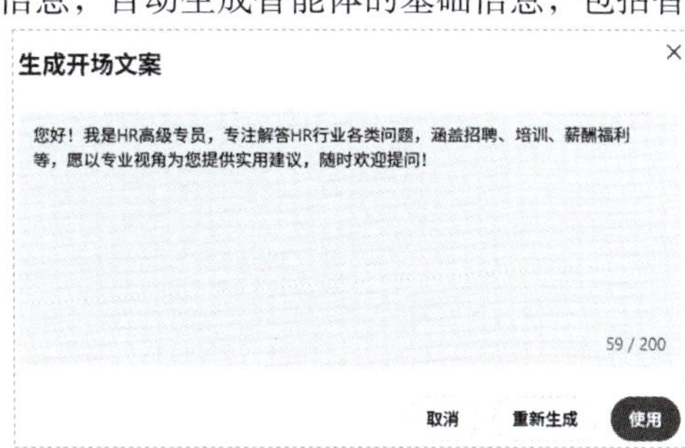

图6.13-3

步骤 03 设置能力信息

创建智能体的编辑界面还可以设置智能体的能力信息，包括联网搜索、知识库、插件、工作流等，如图 6.13-4 所示。

步骤 04 调试智能体

在创建智能体的编辑界面的最右侧区域的对话框中输入文字描述，测试智能体运行情况，如“员工绩效评估有哪些有效方法？”单击发送，测试结果输出部分内容如图 6.13-5 所示。

图6.13-4

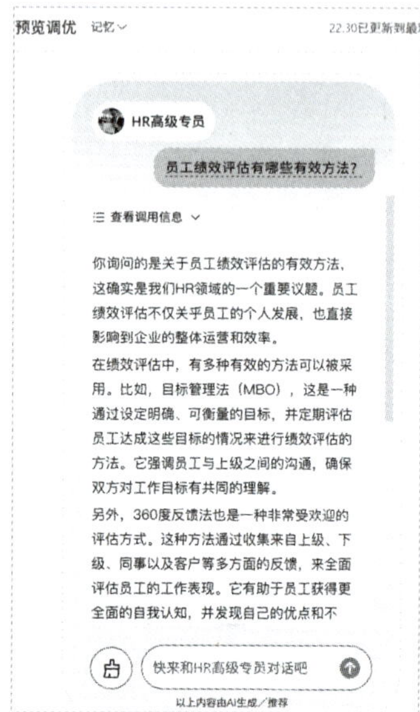

图6.13-5

步骤 05 发布智能体

测试并修改完善后，单击页面右上角的“发布”按钮，在弹出的界面中完善发布信息的设置：访问权限、选择部署平台，如图 6.13-6 所示。确认发布设置后，单击右上角“发布”按钮即可成功发布智能体。

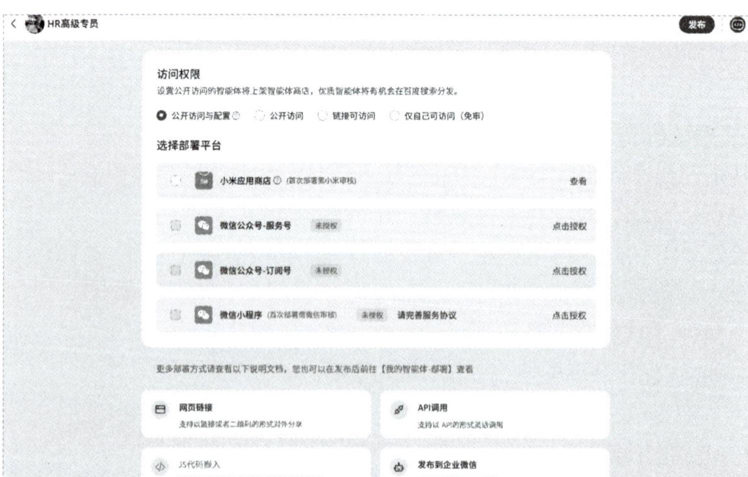

图6.13-6

步骤 06 进入智能体

在首页左侧菜单栏中单击“我的智能体”按钮，找到发布的“HR 高级专员”智能体，单击该智能体进入智能体对话界面，如图 6.13-7 所示。

图6.13-7

步骤 07 输入问题

在智能体对话框中输入人力资源相关问题，如“员工薪酬结构应如何设计才更具竞争力？”智能体输出结果如图 6.13-8 所示。

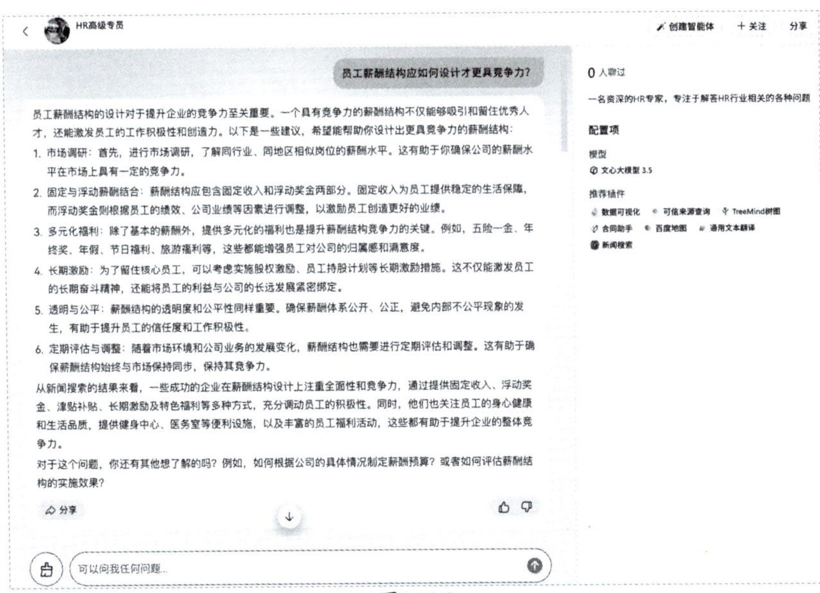

图6.13-8

6.14 市场调研智能体

AI工具 纳米AI

对于普通小型企业而言，在开展市场竞品调研时，往往会受到人力、资金以及经验等方面的限制。这使得它们常常陷入数据收集渠道狭窄、分析维度单一以及调研过程耗时费力的困境，进而难以全面且精准地捕捉到市场中竞品信息的动态变化。而借助AI智能体，能够快速抓取全网范围内的多源数据，通过自然语言处理技术与机器学习算法，自动对用户反馈、价格策略等核心信息进行深入分析。这种方式不仅极大地提升了调研效率，还能实时追踪竞品的动态变化，为小型企业提供更为精准、全面的决策依据。

操作步骤

使用纳米AI的市场调研专员智能体，可以直接生成市场产品专业调研报告，实现全流程自动化。

步骤01 选择智能体

在浏览器中打开纳米AI官网并登录，在页面左侧边栏中单击“智能体”按钮进入智能体页面，在“做研究”标签下选择“市场调研专员”智能体，如图6.14-1所示。

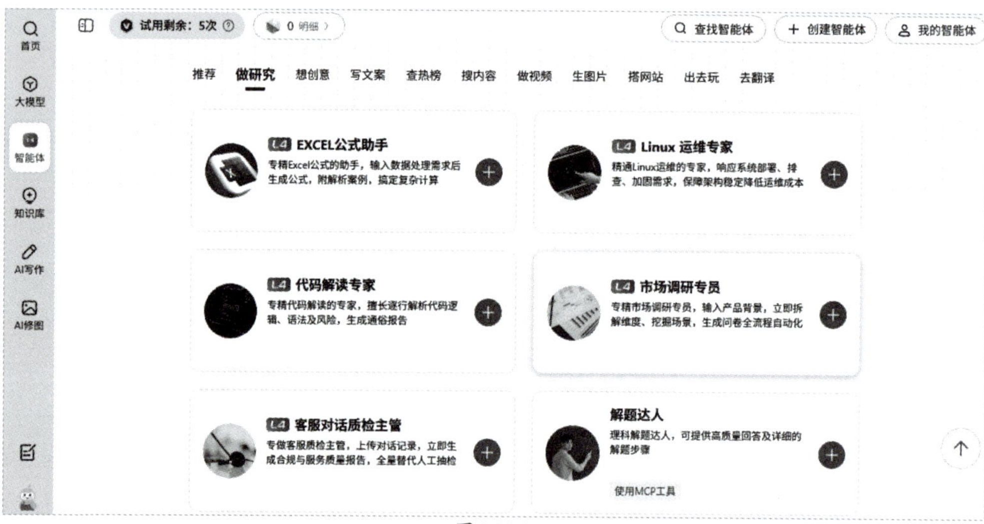

图6.14-1

步骤02 输入内容

在市场调研专员智能体对话框中输入问题或上传文件来执行任务，如“请帮我生成一份智能冰箱竞品需求调研问卷，包括国际品牌（如三星、LG）及国内竞品（如海尔、美的）的技术迭代、用户反馈、营销策略等”，市场调研专员智能体会进行大模型思考，单击“大模型已经思考完毕”按钮，可在“智能体工作过程”区域查看智能体的思考过程，如图6.14-2所示。

图6.14-2

步骤 03 生成调研报告

经过几分钟的思考，市场调研专员智能体完成了关于智能冰箱的市场调研问卷的生成，点击“调研问卷生成:纳米 AI- 展示结果”可在“智能体工作过程”区域查看,如图 6.14-3 所示。调查问卷分为单选题、多选题、问答题三部分，若有不合适的地方，可以在对话框中提出问题并修改。

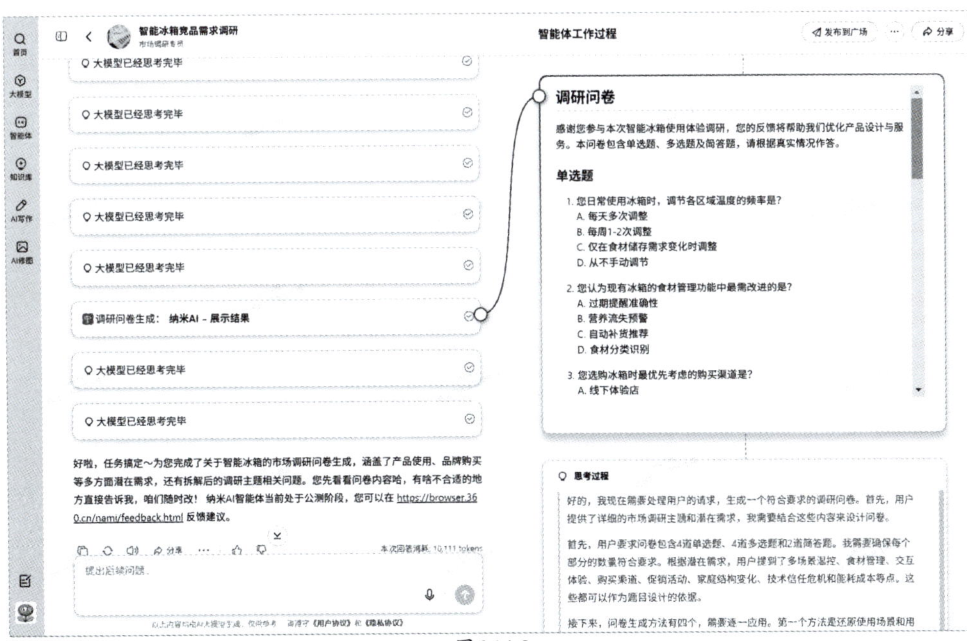

图6.14-3

步骤 04 链接其他智能体

在市场调研专员智能体回复的最下方，会根据调研内容为用户推荐部分相关联的智能体，用户若有需要可直接点击相应智能体使用，如图 6.14-4 所示。

图6.14-4

第 7 章
学习教育

人工智能正逐步融入学习与教学的各个环节，对于教师来说，它能减轻重复性工作压力，提升教学效率；对于学生而言，则能提供更具针对性的学习建议与资源支持。技术与教育的结合，正在让个性化、高效的学习体验成为现实。随着智能体的持续发展，学习正在变得更轻松，也更有方向感。

7

7.1 课题研究智能体

AI工具 百度文库

课题研究通常涉及选题聚焦、资料梳理与思路搭建等多个阶段，既考验逻辑，也挑战信息处理能力。AI 能在繁杂的信息中协助厘清方向、提炼关键点，帮助更高效地构建研究框架，让研究过程从一开始就更加聚焦、有条理。

操作步骤

在百度文库中使用“智能写作”智能体，可以一键完成课题研究的撰写。

步骤 01 选择智能体

在浏览器中打开百度文库官网并登录，进入智能助手页面。单击对话框上的“智能写作”卡片按钮，如图 7.1-1 所示。

图7.1-1

步骤 02 输入内容

在“智能写作”智能体对话框中输入课题研究概述，然后单击右侧“发送”按钮或者按“Enter”键，即可开始生成课题研究，如图 7.1-2 所示。

图7.1-2

步骤 03 生成与查看

生成的课题研究，可以在页面内进行查看。单击生成结果右下方的“复制”按钮，可以对生成的内容进行复制，部分内容如图 7.1-3 所示。

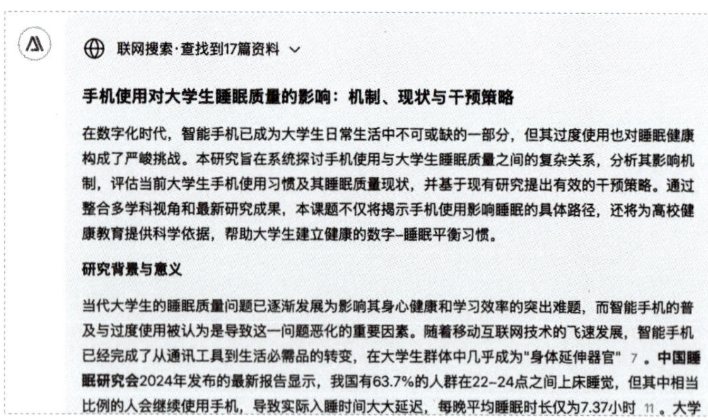

图7.1-3

7.2 论文选题智能体

AI工具 通义

论文选题关乎后续写作的深度与方向，却常常让人陷入纠结与反复权衡的境地。智能体能够基于用户主题兴趣与资料可得性，快速提供多种切实可行的选题方向建议，让选题过程更轻松、更高效。

操作步骤

在通义平台中使用“论文写作”智能体，可以一键完成论文的选题。

步骤 01 选择智能体

在浏览器中打开通义官网并登录，在页面左侧边栏中，单击“发现”按钮，如图 7.2-1 所示。随后在页面右侧靠下的搜索框中输入“论文”后，按“Enter”键查看搜索结果，并选择“论文写作”智能体，如图 7.2-2 所示。

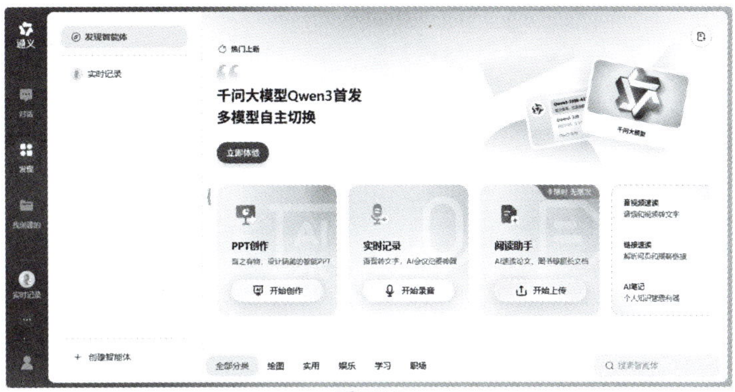

图7.2-1

图7.2-2

步骤 02 输入内容

在对话框中输入论文选题的类型及要求，随后单击右下角“发送”按钮或者按“Enter”键，即可开始生成论文选题，如图 7.2-3 所示。

图7.2-3

步骤 03 生成与查看

生成之后，可以在页面内进行查看。单击生成结果右下方的“复制”按钮，可以对内容进行复制，部分内容如图 7.2-4 所示。

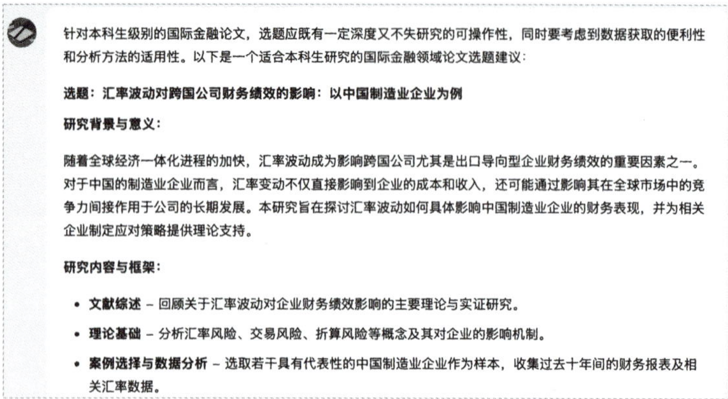
针对本科生级别的国际金融论文，选题应既有一定深度又不失研究的可操作性，同时要考虑到数据获取的便利性和分析方法的适用性。以下是一个适合本科生研究的国际金融领域论文选题建议：

选题：汇率波动对跨国公司财务绩效的影响：以中国制造业企业为例

研究背景与意义：

随着全球经济一体化进程的加快，汇率波动成为影响跨国公司尤其是出口导向型企业财务绩效的重要因素之一。对于中国的制造业企业而言，汇率变动不仅直接影响到企业的成本和收入，还可能通过影响其在全球市场中的竞争力间接作用于公司的长期发展。本研究旨在探讨汇率波动如何具体影响中国制造业企业的财务表现，并为相关企业制定应对策略提供理论支持。

研究内容与框架：

- **文献综述** – 回顾关于汇率波动对企业财务绩效影响的主要理论与实证研究。
- **理论基础** – 分析汇率风险、交易风险、折算风险等概念及其对企业的影响机制。
- **案例选择与数据分析** – 选取若干具有代表性的中国制造业企业作为样本，收集过去十年间的财务报表及相关汇率数据。

图7.2-4

7.3 论文提纲撰写智能体

AI工具 Kimi

论文提纲就像一张航海图，决定了写作能否顺利达成目标。然而，很多人在这一环节容易陷入思路混乱，不知道哪些观点该放前，哪些论据该放后。智能体能够根据研究主题和目标，自动梳理逻辑框架，安排章节结构，并提示各部分的写作重点，让写作者在正式动笔时方向明确、思路清晰，大幅提升后续写作效率与质量。

操作步骤

在 Kimi 中使用“论文写作助手”智能体，可以一键完成论文提纲的撰写。

步骤 01 选择智能体

在浏览器中打开Kimi官网并登录，如图7.3-1所示。随后单击左侧菜单栏中的“Kimi+”选项，在智能体列表中单击“论文写作助手”智能体，如图7.3-2所示。

图7.3-1

图7.3-2

步骤 02 输入内容

在“论文写作助手”智能体对话框中输入论文的选题及要求，然后单击右侧“发送”按钮或者按“Enter”键，即可开始生成论文大纲，如图 7.3-3 所示。

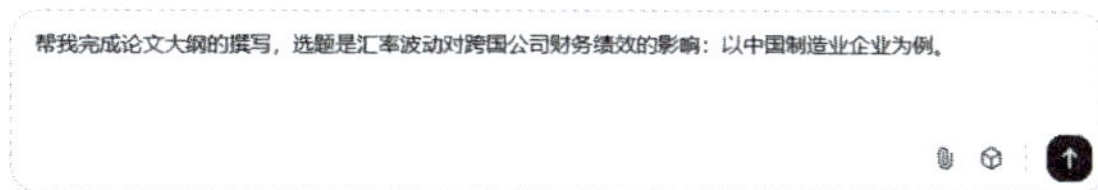

图7.3-3

步骤 03 生成与查看

等待内容生成后，即可在页面上预览结果。单击生成结果右下方的“复制”按钮，可以对内容进行复制，部分内容如图 7.3-4 所示。

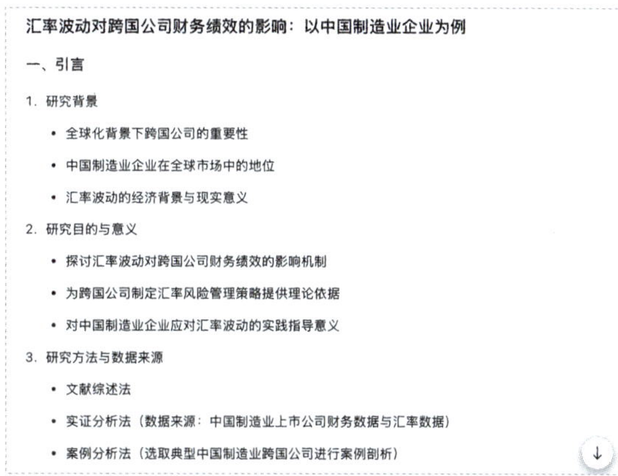

图7.3-4

7.4 论文摘要撰写智能体

AI工具 通义

在论文正文完成前，摘要往往是最先被读者、评审或检索系统看到的部分。它不仅要准确概括研究的核心内容，还要在有限的字数内传递清晰的信息和价值。然而，很多人会在摘要中出现冗余表述或逻辑不够紧凑的情况。智能体能够提炼全文重点，优化行文结构，并确保关键信息完整呈现，让摘要既简洁凝练，又具备足够的吸引力和学术规范。

操作步骤

在通义平台中使用“千问大模型”智能体，可以一键完成论文摘要的撰写。

步骤 01 选择智能体

在浏览器中打开通义官网并登录，进入发现智能体页面后，单击智能体列表中的“千问大模型”智能体，如图 7.4-1 所示。

图7.4-1

步骤 02 输入内容

在对话框中输入论文摘要的要求，随后单击右下角“发送”按钮或者按“Enter”键，即可开始生成论文摘要，如图 7.4-2 所示。

图7.4-2

步骤 03 生成与查看

生成之后，可以在页面内查看。单击生成结果右下方的“复制”按钮，可以对内容进行复制，部分内容如图 7.4-3 所示。

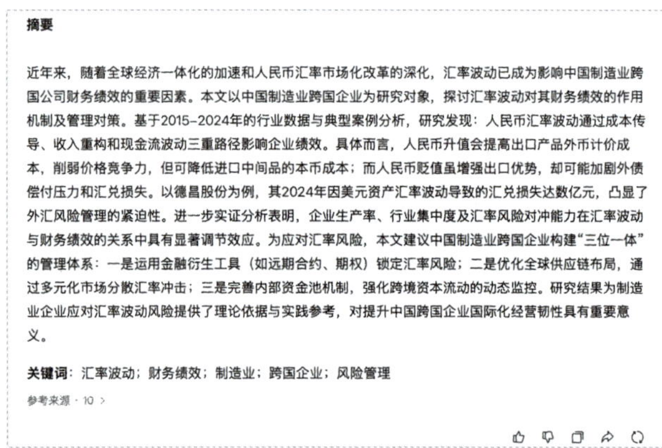
摘要

近年来，随着全球经济一体化的加速和人民币汇率市场化改革的深化，汇率波动已成为影响中国制造业跨国公司财务绩效的重要因素。本文以中国制造业跨国企业为研究对象，探讨汇率波动对其财务绩效的作用机制及管理对策。基于2015-2024年的行业数据与典型案例分析，研究发现：人民币汇率波动通过成本传导、收入重构和现金流波动三重路径影响企业绩效。具体而言，人民币升值会提高出口产品外币计价成本，削弱价格竞争力，但可降低进口中间品的本币成本；而人民币贬值虽增强出口优势，却可能加剧外债偿付压力和汇兑损失。以德昌股份为例，其2024年因美元资产汇率波动导致的汇兑损失达数亿元，凸显了外汇风险管理的紧迫性。进一步实证分析表明，企业生产率、行业集中度及汇率风险对冲能力在汇率波动与财务绩效的关系中具有显著调节效应。为应对汇率风险，本文建议中国制造业跨国企业构建“三位一体”的管理体系：一是运用金融衍生工具（如远期合约、期权）锁定汇率风险；二是优化全球供应链布局，通过多元化市场分散汇率冲击；三是完善内部资金池机制，强化跨境资本流动的动态监控。研究结果为制造业企业应对汇率波动风险提供了理论依据与实践参考，对提升中国跨国企业国际化经营韧性具有重要意义。

关键词：汇率波动；财务绩效；制造业；跨国企业；风险管理

参考来源 · 10 >

图7.4-3

7.5 实验数据分析智能体

AI工具 MasterAgent

在科研与教学中，实验数据往往是核心结论的依据，但原始数据可能庞杂、格式不一，人工处理既耗时又容易遗漏关键细节。智能体能够自动完成数据清洗、分类与统计分析，并通过可视化图表直观呈现趋势与差异，帮助用户快速发现潜在规律与问题。这不仅提升了分析的准确性与效率，也为后续决策和研究提供了坚实的数据支撑。

操作步骤

在 MasterAgent 中使用全自动智能体，可以一键完成实验数据的分析。

步骤 01 选择智能体

在浏览器中打开 MasterAgent 官网并登录，如图 7.5-1 所示。

图7.5-1

步骤 02 输入内容

在智能体对话框中输入实验得出的数据及要求，随后单击右下角“发送”按钮或者按“Enter”键，即可开始生成智能体团队，如图 7.5-2 所示。

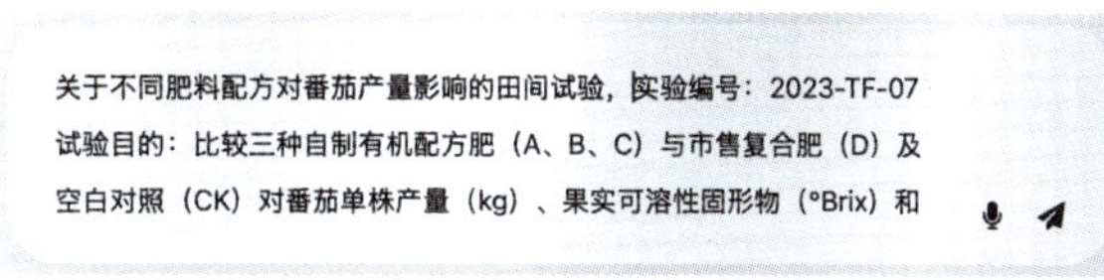

图7.5-2

步骤 03 生成与查看

生成智能体团队后，单击“立即运行”按钮，即可开始生成实验数据分析，如图 7.5-3 所示。随后在智能体对话框中输入实验得出的数据及要求，然后单击右下角“发送”按钮或者按 Enter 键，即可开始生成实验数据分析，如图 7.5-4 所示。

实验数据分析完成，单击生成结果的“下载”按钮，可以将生成的内容下载至本地，部分内容如图 7.5-5 所示。

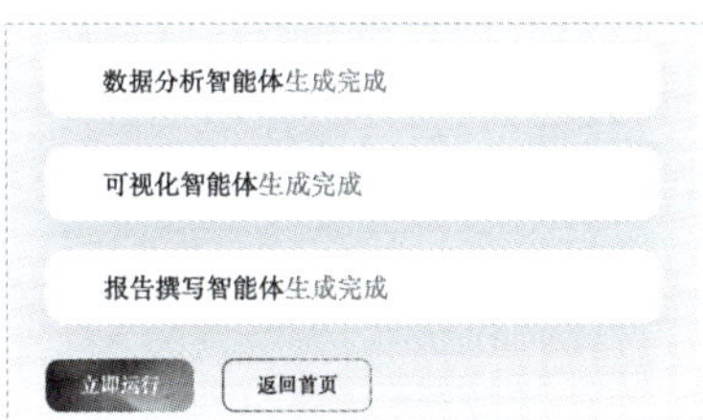

图7.5-3

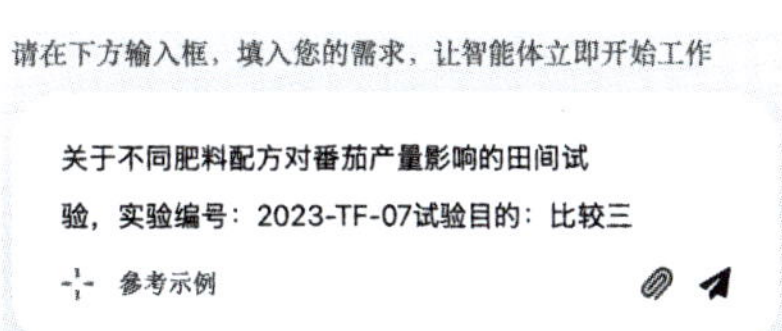

图7.5-4

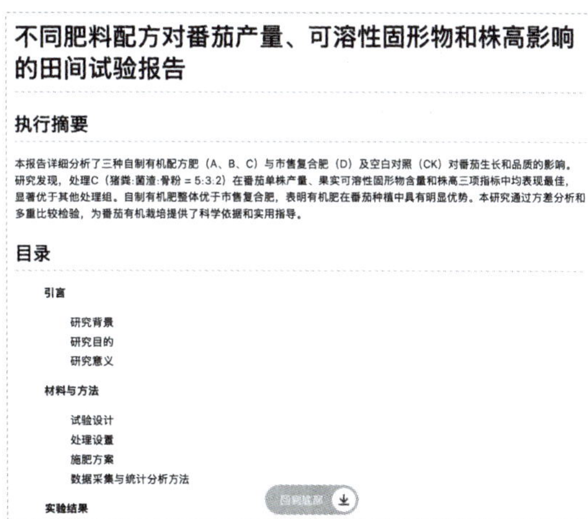

图7.5-5

7.6 教案设计智能体

AI工具 讯飞星辰Agent平台

教案设计是教学准备的重要环节，既要兼顾教学目标与内容安排，也需考虑学生的接受能力与课堂节奏。传统教案撰写往往耗费大量时间，且难以兼顾个性化需求。智能体能够根据课程主题和教学目标，自动生成结构合理、内容丰富的教案，帮助教师高效规划教学流程，提升课堂效果，同时留出更多时间关注学生互动与教学创新。

操作步骤

在讯飞星辰 Agent 平台中使用“教案助手”智能体，可以一键生成教案设计。

步骤 01 选择智能体

在浏览器中打开讯飞星辰 Agent 平台官网并登录，进入智能体广场页面，在搜索框内输入“教案”后，搜索结果如图 7.6-1 所示，在搜索结果中选择“教案助手”智能体。

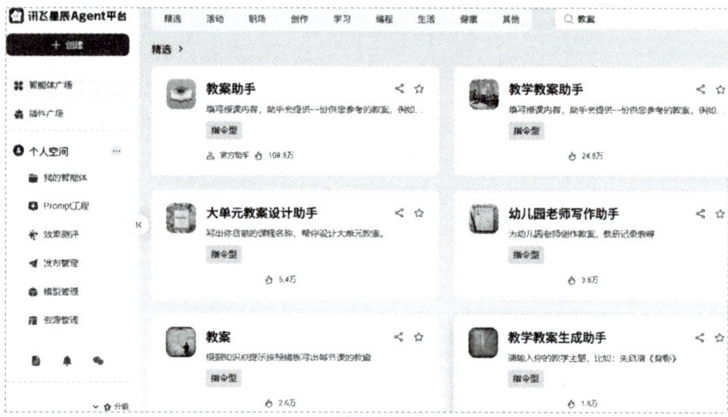

图7.6-1

步骤 02 输入内容

在“教案助手”智能体对话框中输入授课内容，然后单击右下角“发送”按钮或者按“Enter”键，即可开始生成教案设计，如图 7.6-2 所示。

图7.6-2

步骤 03 生成与查看

生成教案设计后，可以在页面内查看。单击生成结果右下方的“复制”按钮，可以对生成的内容进行复制，部分内容如图 7.6-3 所示。

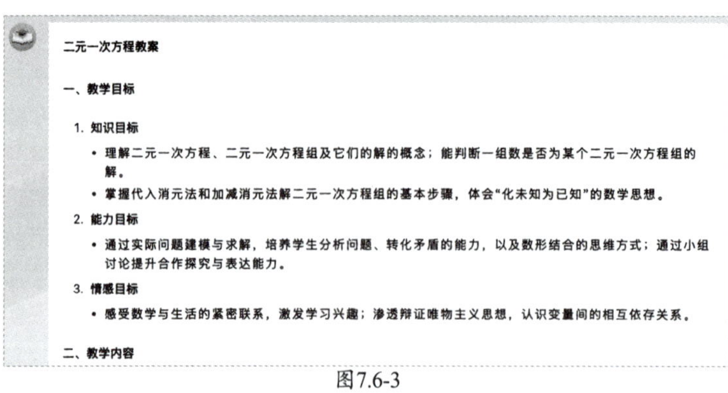

图7.6-3

7.7 作业批改智能体

AI工具 通义

作业批改是教学环节中既重要又烦琐的任务，尤其在大班教学中，人工批改不仅耗时，还容易出现主观偏差。智能体能够自动识别答案的正确性与表达质量，借助这种技术，教师能够节省大量时间，同时提升批改的客观性和反馈的针对性，促进学生有效学习与进步。

操作步骤

在通义平台中使用“速算批改小助手”智能体，可以一键完成速算作业的批改。

步骤 01 选择智能体

在浏览器中打开通义官网并登录，进入发现页面，随后在页面右上角的搜索框中输入“速算”，按“Enter”键查看搜索结果，如图 7.7-1 所示，选择“速算批改小助手”智能体。

图7.7-1

步骤 02 输入内容

在对话框中输入完成的作业内容，随后单击右下角“发送”按钮或者按“Enter”键，即可开始生成批改结果，如图 7.7-2 所示。

图7.7-2

步骤 03 生成与查看

生成之后，可以在页面内查看。单击生成结果右下方的“复制”按钮，可以对内容进行复制，部分内容如图 7.7-3 所示。

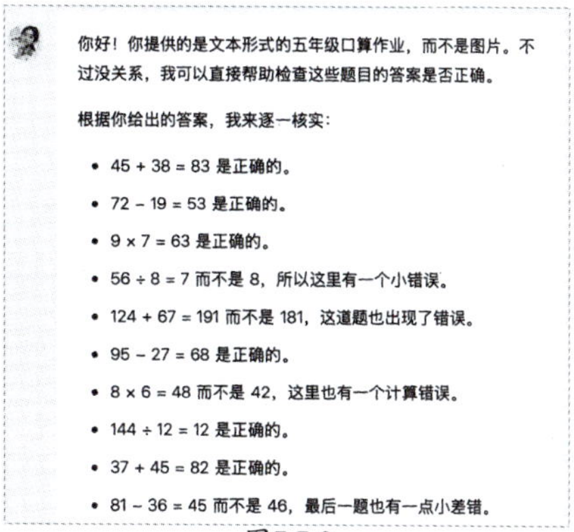

图7.7-3

7.8 作文辅导智能体

AI工具 豆包

作文辅导是帮助学生提升写作能力的重要环节，但传统辅导往往受限于时间和资源，难以实现个性化指导。智能体可以根据学生的写作内容，提供结构优化、语言润色和内容建议，帮助他们理清思路、丰富表达，从而逐步提升写作水平。这样的辅助不仅减轻了教师负担，也为学生带来了更加及时和精准的写作指导。

操作步骤

在豆包中使用“作文批改助手”智能体，可以一键实现作文辅导。

步骤 01 选择智能体

在移动端打开豆包 App 并登录，在底部菜单栏点击“智能体”分类，点击选择“作文批改助手”智能体，如图 7.8-1 所示。

步骤 02 输入内容

点击“作文批改”按钮对作文进行拍照或在对话框中输入作文内容,然后点击右侧“发送”按钮，即可开始生成批改结果，如图 7.8-2 所示。

步骤 03 生成与查看

生成之后，可以在页面内进行查看。单击生成结果右下方的“复制”按钮，可以对内容进行复制，如图 7.8-3 所示。

图7.8-1

图7.8-2

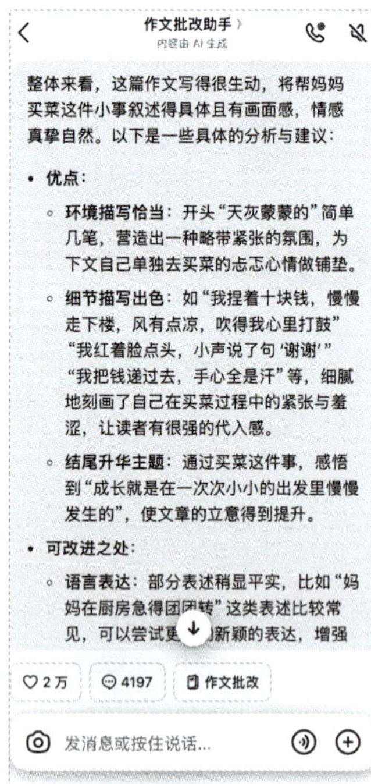

图7.8-3

7.9 英语口语练习智能体

AI工具 豆包

英语口语的提升离不开大量的练习，但受限于时间和环境，很多学习者难以找到合适的练习伙伴。智能体通过模拟对话场景，实时反馈，帮助用户克服语言障碍，提升流利度和表达自信。借助这种智能辅助，口语训练变得更加灵活、高效，适合各种学习阶段和需求。

操作步骤

在豆包中使用“英语口语聊天搭子”智能体，可以一键进行口语练习。

步骤 01 选择智能体

在移动端打开豆包 App 并登录，在底部菜单栏点击“智能体”分类，点击选择“英语口语聊天搭子”智能体，如图 7.9-1 所示。

步骤 02 进入口语对话练习

单击右上角“语音通话”按钮开始和智能体的语音对话，练习英语口语，如图 7.9-2 和图 7.9-3 所示。

图7.9-1

图7.9-2

图7.9-3

7.10 学习答疑智能体

AI工具 扣子Coze

学习过程中难免会遇到疑惑和难题，及时获得解答对学习效果至关重要。智能体能够根据提问内容，快速提供准确且易懂的答案，帮助用户突破知识瓶颈。它不仅支持多领域知识覆盖，还使学习过程更加顺畅和高效。

操作步骤

在扣子Coze平台中搭建学习答疑智能体，可以一键完成学习答疑。

步骤 01 搭建智能体

在浏览器中打开扣子官网并登录，进入开发平台，单击页面左侧“⊕”按钮，如图7.10-1所示。在弹出的界面单击左侧“创建智能体”下方的“创建”按钮，如图7.10-2所示。

图7.10-1

图7.10-2

图7.10-3

步骤 02 智能体基础设定

在弹出的菜单栏中，输入智能体名称后单击下方的“确认”按钮，如图7.10-3所示。在“人设与回复逻辑”中输入提示词后，单击右上角的“发布”按钮进行发布，如图7.10-4所示。单击弹出窗口下方的“确认”按钮完成设置，如图7.10-5所示。

图7.10-4

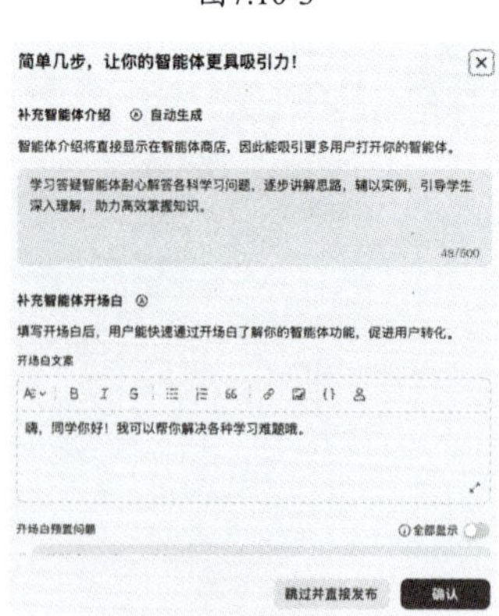

图7.10-5

步骤 03 发布智能体

单击右上角“发布”按钮进行发布，如图 7.10-6 所示。

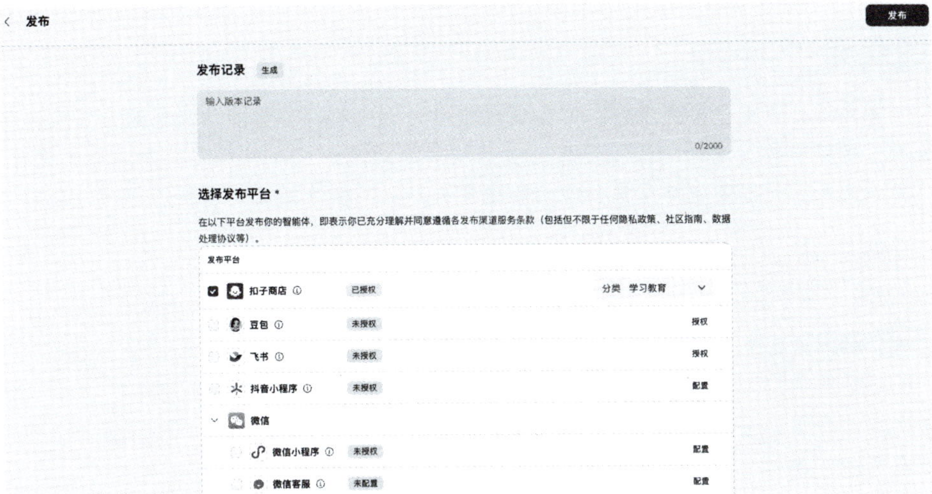

图7.10-6

步骤 04 输入内容提要与生成

进入已发布的学习答疑智能体，在对话框中输入学习遇到的问题，然后单击右侧“发送”按钮或者按“Enter”键，即可开始生成解答，如图 7.10-7 所示。

图7.10-7

步骤 05 生成与查看

等待内容生成后，即可在页面预览结果。单击生成的结果右下方的“复制”按钮，可以对内容进行复制，部分内容如图 7.10-8 所示。

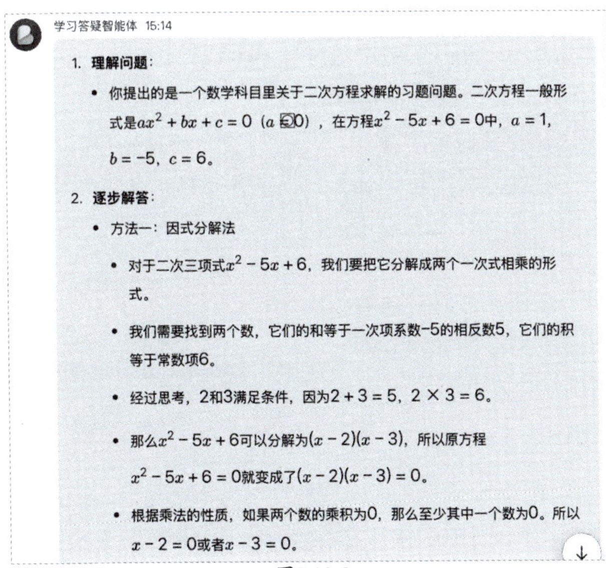

图7.10-8

7.11 文言文解析智能体

AI工具 通义

文言文语言古奥，句式独特，常令现代学习者困惑难解。智能体能够对文言文进行精准解析，拆解句义，注释词汇，还原语法结构，帮助读者深入理解文本内涵与文化背景。借助这一工具，学习者能够更轻松地掌握文言文知识，提升阅读与赏析能力。

操作步骤

在通义平台中使用“文言文研究员”智能体，可以一键完成文言文的解析。

步骤 01 选择智能体

在浏览器中打开通义官网并登录，进入发现页面，随后在页面右上角的搜索框中输入“文言文”后，按“Enter”键查看搜索结果，如图 7.7-1 所示，选择“文言文研究员”智能体。

图7.11-1

步骤 02 输入内容

在对话框中输入需要解析的文言文和要求，随后单击右侧“发送”按钮或者按“Enter”键，即可开始生成文言文解析，如图 7.11-2 所示。

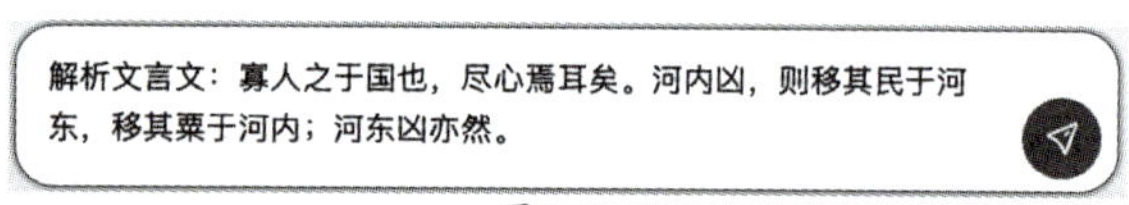

图7.11-2

步骤 03 生成与查看

生成之后，可以在页面内进行查看。单击生成结果右下方的“复制”按钮，可以对内容进行复制，部分内容如图 7.11-3 所示。

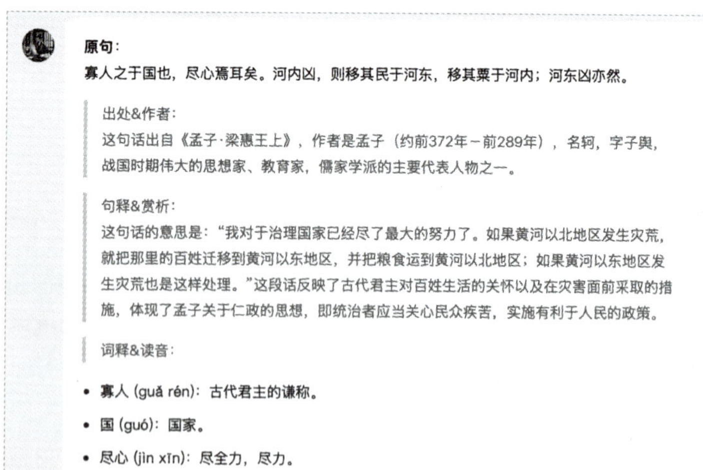

图7.11-3

7.12 个性化学习路径规划智能体

AI工具 Manus

每个人的学习需求和节奏各不相同，量身定制的学习路径能够显著提升学习效果。智能体根据学习目标和现有水平，科学规划学习内容与进度，帮助学习者合理分配时间，持续跟进学习进展，实现有针对性且高效成长。这样不仅增强了自主学习的动力，也促进了知识的系统掌握与应用。

操作步骤

使用 Manus 智能体，可以一键完成个性化学习路径的规划。

步骤 01 选择智能体

在浏览器中打开 Manus 官网并登录，单击对话框下方的“Agent”按钮，切换至智能体模式，如图 7.12-1 所示。

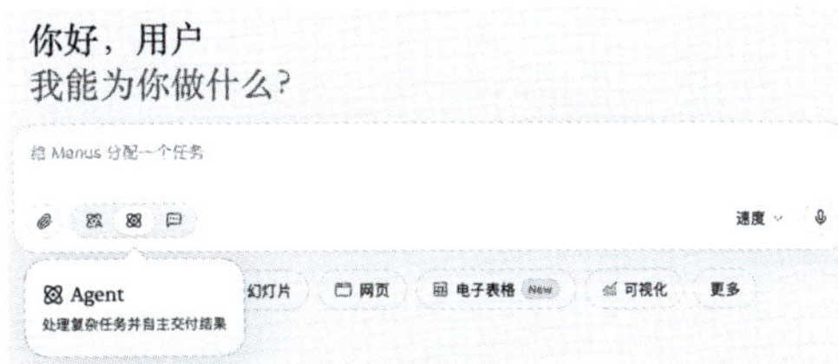

图7.12-1

步骤 02 输入内容

在智能体对话框中输入个性化学习路径规划的要求以及学生情况，然后单击右下角“发送”按钮或者按“Enter”键，即可开始生成学习路径，如图 7.12-2 所示。

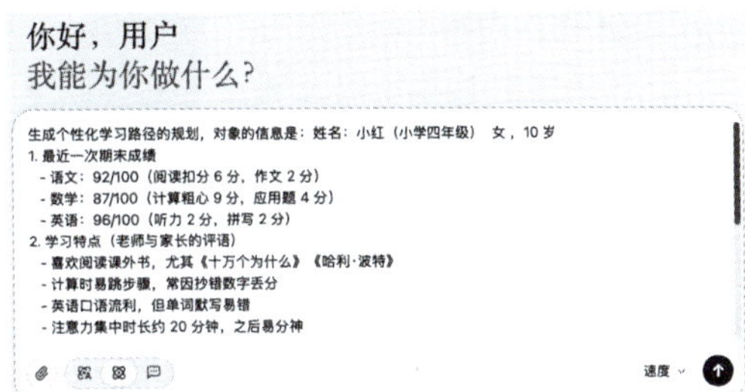

图7.12-2

步骤 03 生成与查看

个性化学习路径规划完成，单击生成的文件即可预览，也可以将文件下载至本地，如图 7.12-3 和图 7.12-4 所示。

图7.12-3

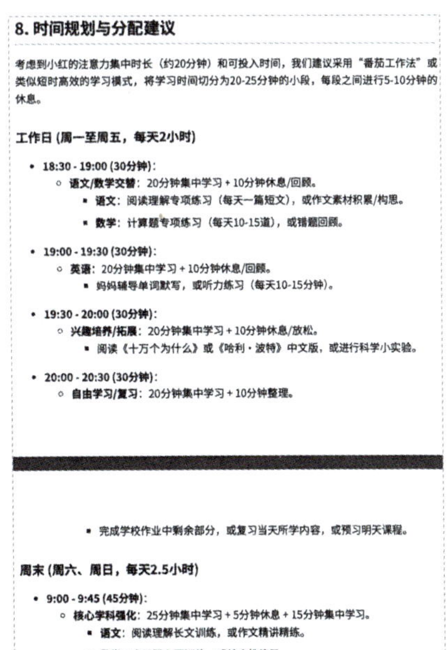

图7.12-4

7.13 学习资源推荐智能体

AI工具 MiniMax

优质的学习资源是提升学习效率和效果的重要保障，但从海量信息中筛选适合自己的内容往往耗费大量时间。智能体能够根据学习者的兴趣、目标和水平，精准推荐相关教材、课程、练习和参考资料，帮助快速获取所需知识，提升学习质量与体验，实现资源利用的最优化。

操作步骤

使用 MiniMax 智能体，可以一键完成学习资源的推荐。

步骤 01 选择智能体

在浏览器中打开 MiniMax 官网并登录，如图 7.13-1 所示。

图7.13-1

步骤 02 输入内容

在智能体对话框中输入对学习资源的要求，然后单击右下角“发送”按钮或者按“Enter”键，即可开始生成学习资源推荐，如图 7.13-2 所示。

图7.13-2

步骤 03 生成与查看

学习资源推荐生成完成，单击生成的文件预览，单击预览框右上角的“下载”按钮即可将文件下载至本地，如图 7.13-3 和图 7.13-4 所示。

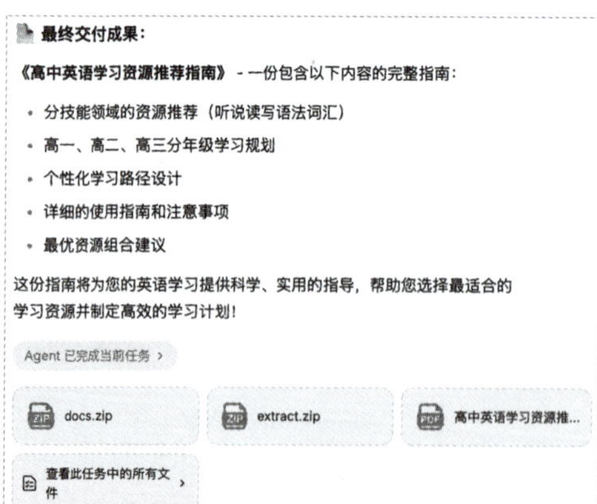

图7.13-3

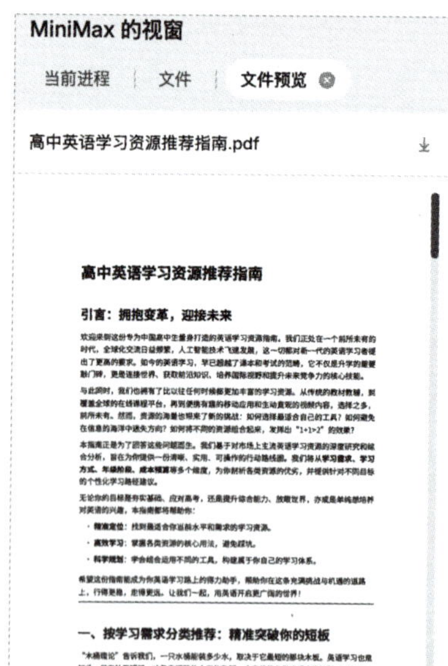

图7.13-4

7.14 练习题集智能体

AI工具 通义

在学习巩固或教学备课中，手动设计练习题与整理答案往往耗时费力，而通义平台搭载的“千问大模型”为这一问题提供了高效解决方案。其“练习题集”智能体可根据需求快速生成针对性习题，还能同步输出答案，大幅提升练习设计与复盘效率。该智能体操作门槛低，仅需简单三步即可完成从习题生成到答案获取的全流程。

操作步骤

在通义平台中使用“千问大模型”智能体，可以一键完成论文摘要的撰写。

步骤 01 选择智能体

在浏览器中打开通义官网并登录，随后在页面右上角的搜索框中输入“练习题”后，按“Enter”键查看搜索结果，如图 7.14-1 所示，选择“练习题集”智能体。

图7.14-1

步骤 02 输入内容

在对话框中输入对练习题的需求，如图 7.14-2 所示，随后单击右侧“发送”按钮或者按“Enter”键，即可开始生成练习题。

图7.14-2

步骤 03 生成与查看

生成练习题之后，可以在页面内进行查看。单击生成结果右下方的“复制”按钮，可以对内容进行复制，如图 7.14-3 所示。完成练习后，可以在智能体对话框中输入“完成练习”，随后单击右侧“发送”按钮或者

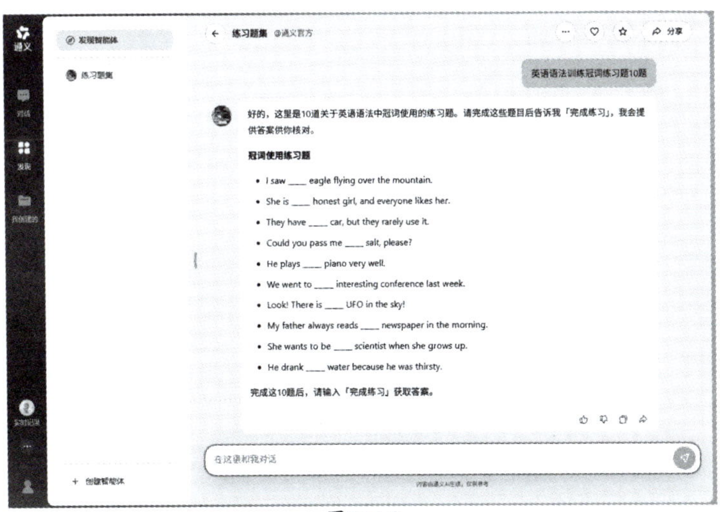

图7.14-3

按 Enter 键，即可生成答案，如图 7.14-4 所示。

图7.14-4

第8章

生活与娱乐助手

在当今数字化生活浪潮中，AI智能体凭借其强大的数据处理与智能分析能力，已然成为生活与娱乐领域不可或缺的好帮手。从助力规划完美旅行的旅行规划智能体，到贴心提供每日资讯的新闻早报智能体；从给予时尚穿搭灵感的穿搭建议智能体，到科学安排日常的时间规划智能体……它们渗透在生活的方方面面。不仅如此，在健康管理、消费决策、心理关怀等场景中，AI智能体同样发挥着重要作用。这些具象化的功能模块并非孤立存在，而是围绕“服务人”的核心，编织成一张覆盖生活全维度的智能网络，成为智能时代最动人的注脚。科技的高度，最终要落脚于生活的温度。

8.1 旅行规划智能体

AI工具 百度心响

旅行规划方案是保障旅行体验质量的重要环节之一。在AI智能体的助力下，旅行者能够制订出契合不同旅行需求、适用于各类旅行场景的规划方案，让旅行筹备的过程更加高效且轻松。

操作步骤

使用百度心响预设的“城市旅游”智能体，可以一键实现私人定制的旅行规划。

步骤 01 注册与登录

在移动端打开百度心响 App，注册账号并登录，如图 8.1-1 所示。

步骤 02 创建任务

在首页界面点击“去创建”按钮或底部导航栏中间的图标，进入任务创建界面，如图 8.1-2 所示。

步骤 03 调用智能体

选择对话框上方预设的任务模板“城市旅游”，即可自动调用对应智能体开始工作，如图 8.1-3 所示。

步骤 04 输入内容

在对话框上方选择人数、天数、预算、玩法，然后在对话框中输入想去的城市名称，比如“成都旅游攻略”，然后点击“创建”按钮，如图 8.1-4 所示。

步骤 05 生成与输出

约 2 分钟后，智能体生成包含行程规划、必吃美食、精选酒店、穿搭建议、避坑提醒、省时技巧等内容的旅行规划方案，如图 8.1-5 ~ 图 8.1-7 所示。点击生成结果左下方的“下载”按钮，可将此行程保存为 pdf 文件。

图8.1-1

图8.1-2

图8.1-3

图8.1-4

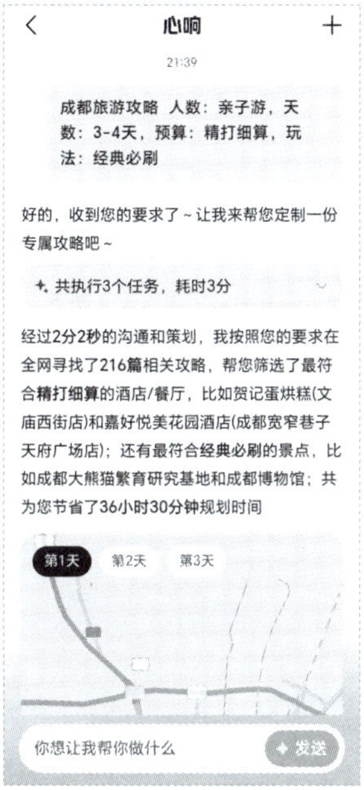

图8.1-5

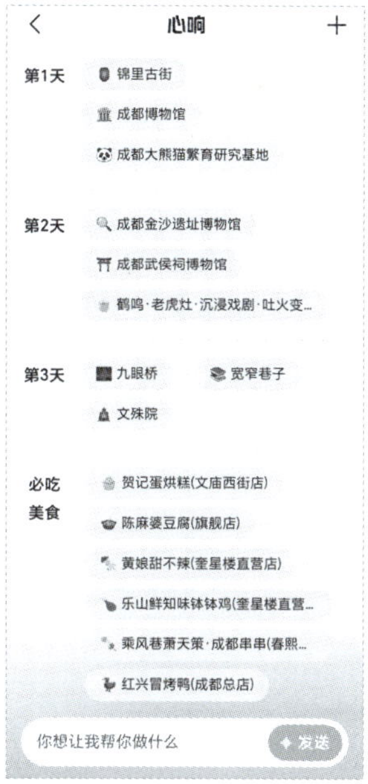

图8.1-6

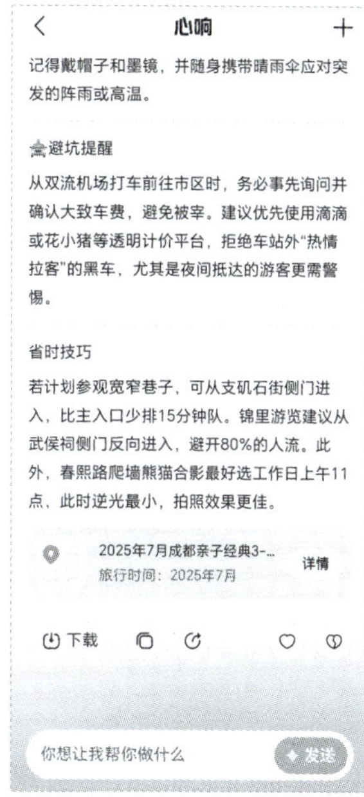

图8.1-7

步骤 06 查看详情

点击生成结果右侧的“详情”按钮，可查看详细的图文攻略，如图 8.1-8 ~ 图 8.1-10 所示。此攻略中包括各景点的推荐理由、建议游玩时间、开放时间、交通耗时等，各美食推荐的理由、评分、营业时间等，各酒店的推荐理由、评分、人均价格等。点击对应景点、美食、酒店，还可直接进入相应的地图导航，极大地方便了旅游出行。

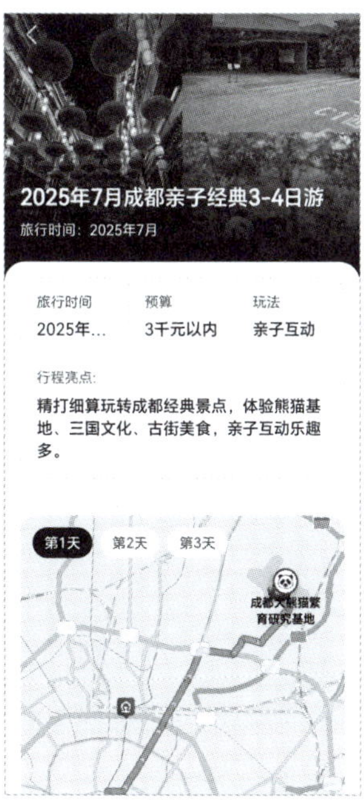

图8.1-8

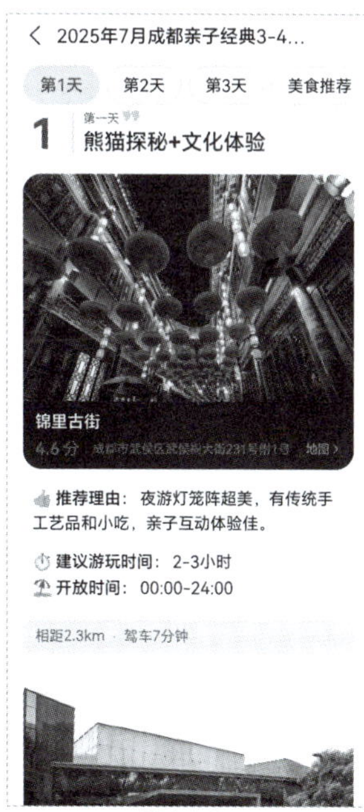

图8.1-9

图8.1-10

8.2 新闻早报智能体

AI工具 智谱清言

阅读新闻早报是保障信息获取时效性的重要途径之一。在 AI 智能体的助力下，读者能够定制出贴合个人兴趣偏好、适配多元信息需求的订阅方案，让每日新闻的获取过程更加精准且便捷。

操作步骤

使用智谱清言官方的“新闻小助手”智能体，不仅可以随时查看感兴趣的新闻资讯，还可以设置订阅信息，让智能体每天推送相关领域的新闻早报。

步骤 01 进入智能体中心

在浏览器中打开智谱清言官网并登录，单击首页左下角“智能体中心”功能按钮，进入智能体中心页面，如图 8.2-1 所示。

图8.2-1

步骤 02 选择智能体

在智能体中心页面右上角的“搜索智能体”栏中输入“新闻”后，按“Enter”键查看搜索结果，即可找到智谱清言官方“新闻小助手”智能体，单击该智能体并进入该智能体的对话页面，如图 8.2-2 所示。

图8.2-2

步骤 03 输入内容

在对话框中输入感兴趣的新闻资讯，如“生成今日 AI 领域新闻早报”，如图 8.2-3 所示。随后发送，等待生成。

步骤 04 查看新闻

“新闻小助手”智能体会在全网检索相关网页，智能阅读后快速整理形成 AI 领域的新闻汇总，如图 8.2-4 所示。

图8.2-3

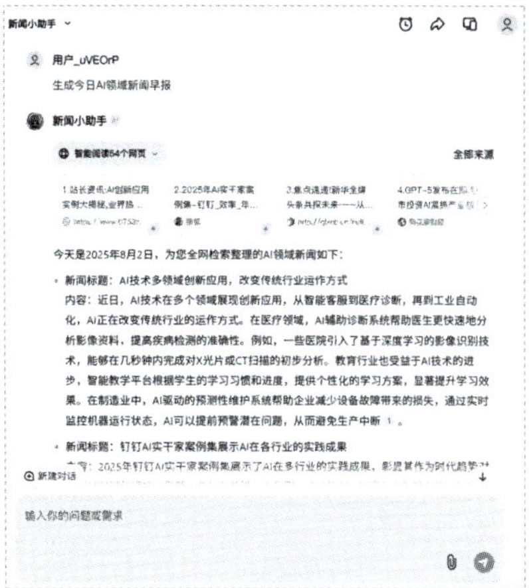

图8.2-4

步骤 05 设置订阅信息

如果想每天收到想要了解的新闻资讯，还可以设置订阅信息，即可准时收到新闻小助手的新闻推送。在智能体对话框中输入订阅信息：订阅开始日期、发送时间（目前支持时间 10:00、16:00 或 20:00）、任务重复执行周期（每天、每周、每月）、任务执行时发送的指令信息，例如“从 2025 年 8 月 3 日开始，每天上午 10:00 发送 AI 领域新闻早报，并且每天重复执行，任务执行时发送的指令信息为‘获取 AI 领域新闻早报’”，如图 8.2-5 所示。单击发送后，新闻小助手智能体会解析订阅信息并再次进行确认，回复“确认无误”后单击发送，如图 8.2-6 所示。

图8.2-5

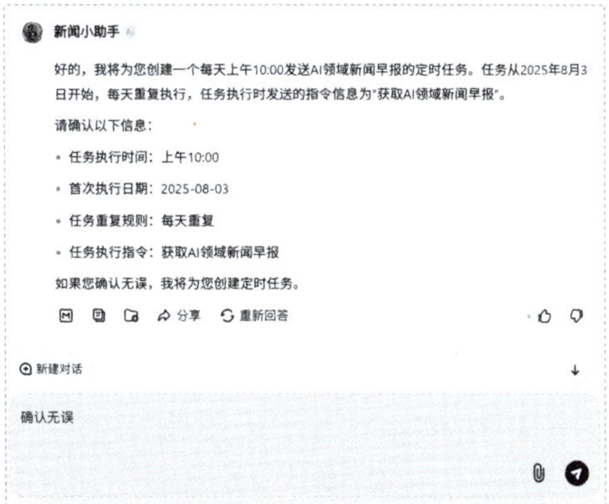

图8.2-6

步骤 06 订阅成功

“新闻小助手”智能体回复新闻订阅成功信息，如图 8.2-7 所示。

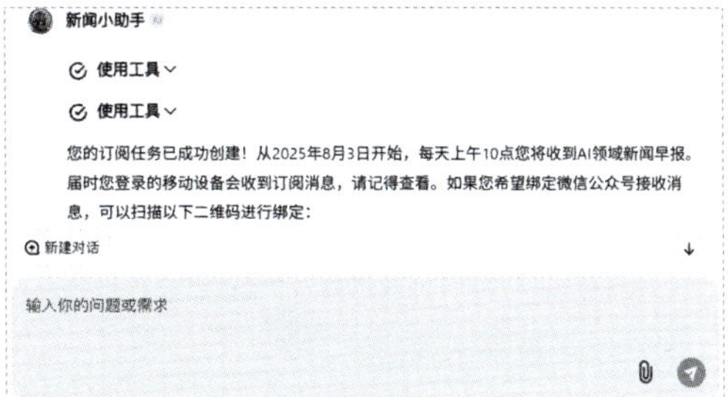

图8.2-7

Tips

如有需要，可以扫描订阅成功信息中的二维码关注微信公众号“智谱清言”接收消息，即可在手机端接收订阅的新闻早报。

步骤 07 接收早报

手机端安装“智谱清言”App，登录与网页端相同的账号，即可接收订阅的新闻早报，如图 8.2-8 所示。

图8.2-8

8.3 穿搭建议智能体

AI工具 豆包

对于普通人而言，思考如何穿搭往往是一件令人头疼的事，需要综合考虑服装的款式、颜色、材质，还要结合天气与季节的变化，以及个人的品位和形象需求等。现在，有了 AI 智能体的帮助，能为用户提供适合自己且兼具实用性与时尚感的日常穿搭方案，还可以根据用户的特别场景或个性化需求给出定制化方案。

操作步骤

在豆包的智能体中心，用户通过定制专属的智能体，即可拥有私人穿搭顾问。

步骤 01 进入智能体页面

在浏览器中打开豆包官网并登录，进入豆包的“发现 AI 智能体”页面，如图 8.3-1 所示。

图8.3-1

步骤 02 设定智能体

单击智能体中心页面的“+ 创建 AI 智能体”按钮，进入创建 AI 智能体页面，设置智能体头像、输入新智能体的名称、在“设定描述”框中用自然语言简单描述想创建的智能体，包括它的作用和特点，以及对它生成结果的预期，如“你是一位专业且贴心的日常私人穿搭顾问，擅长结合不同场合、季节、用户体型与风格偏好，提供实用又时尚的穿搭建议。你能精准捕捉当下流行元素，将其巧妙融入穿搭方案，让用户既展现个性又紧跟潮流。你耐心倾听用户的需求与困惑，细致解答关于服装搭配、色彩协调、单品选择等方面的问题，用亲切易懂的语言让穿搭建议变得简单易操作”。如图 8.3-2 所示。

图8.3-2

步骤 03 设置智能体权限

在权限设置下，系统提示了三种设置“公开 · 所有人可对话”“不被发现 · 通过链接分享可对话”“私密 · 仅自己可对话”，如图 8.3-3 所示。单击“确定”按钮。完成以上设置后，点击“创建 AI 智能体”按钮，即可拥有一个自己创建的智能体。

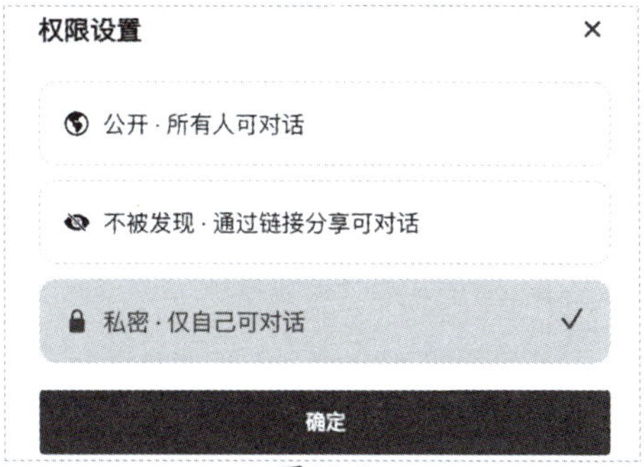

图8.3-3

步骤 04 进入智能体

在发现 AI 智能体页面单击右上角“我创建的”按钮，在个人中心页面即可找到新创建的“穿搭顾问”智能体。单击该智能体并进入智能体对话界面，如图 8.3-4 所示。

图8.3-4

步骤 05 基本信息与日常穿搭建议

要想穿搭顾问提出的建议更实用，需要提供一些个人的基本信息，辅助它做出更适合用户的日常穿搭建议，如“我是一名 30 岁女性，身高 162cm，体重 52kg，属于典型的梨形身材，肩宽 37cm，腰围 68cm，臀围 89cm，大腿围 52cm，小腿围 33cm。我喜欢简约通勤风，带点轻熟利落感，不喜欢太甜或浮夸的款式；喜欢透气挺括的面料，不爱易皱的材质。穿鞋偏好 5 ~ 7cm 粗跟（通勤）和乐福鞋（休闲），不穿太高的细跟。请根据我的个人信息帮我给出日常穿搭建议”。穿搭顾问智能体会根据以上用户信息迅速给出四季的日常穿搭建议，如图 8.3-5 所示。

步骤 06 个别场景与个性化需求

除了日常的穿搭建议，穿搭顾问还可以根据用户特定场景或个性化的需求做出定制化的穿搭建议，如“我明天要去三亚天涯区参加户外音乐节，天气晴朗，气温 30℃，需要一套既防晒又能拍照出片的穿搭，预算 500 元左右，偏好休闲中带点辣妹风。希望突出腰线并遮挡大腿”。穿搭顾问智能体会迅速给出一套满足用户场景与个性化需求的穿搭方案，如图 8.3-6 所示。

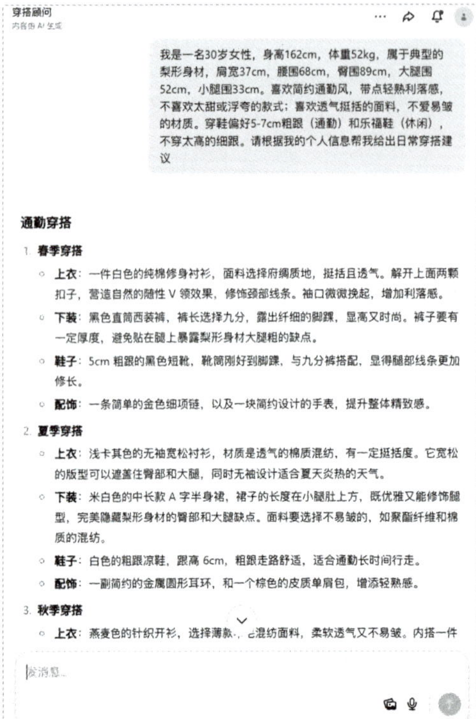

图8.3-5

图8.3-6

8.4 时间规划智能体

AI工具 豆包

生活中良好的时间规划让大家在工作、学习、休息等多元目标之间有条不紊地进行，有效规避精力无端损耗以及目标偏离正轨的情况。让 AI 智能体帮助进行时间规划，可依据用户的行为数据和需求偏好，自动生成契合个人特质的个性化方案。它能够实时同步日程的变动情况，并智能灵活地做出调整，甚至具备预判碎片时间的潜在价值的能力，让用户从烦琐的手动规划中解放出来，实现效率与生活质量的双重提升。

操作步骤

在豆包的智能体中心，用户通过定制专属的智能体，即可拥有私人时间管理管家。

步骤 01 进入智能体页面

在浏览器中打开豆包官网并登录，进入豆包的发现 AI 智能体页面，如图 8.4-1 所示。

图8.4-1

步骤 02 创建智能体

点击智能体中心页面的“创建 AI 智能体”按钮，进入创建 AI 智能体页面，设置智能体头像、输入新智能体的名称、在“设定描述”框中用自然语言简单描述想创建的智能体，包括它的作用和特点，以及对它生成结果的预期，如“我是一位全职妈妈，需要管理家务、育儿和自我学习。每天可支配时间约 6 小时，希望将任务拆解为 30 ~ 60 分钟的时间块，优先保障孩子教育和健康管理”。如图 8.4-2 所示。

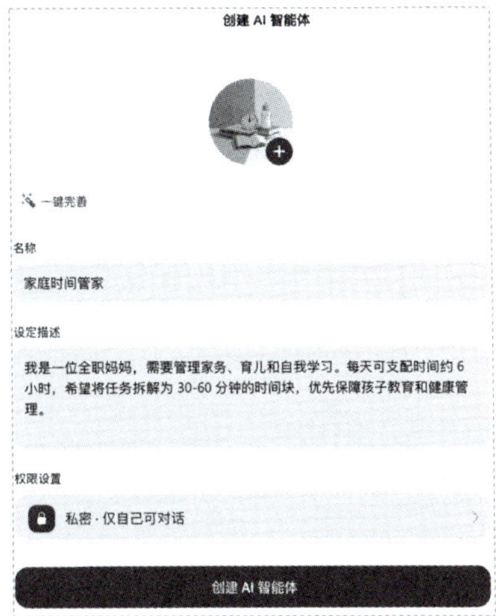

图8.4-2

步骤 03 设置智能体权限

在权限设置下，系统提示了三种设置“公开·所有人可对话”“不被发现·通过链接分享可对话”“私密·仅自己可对话”，如图 8.4-3 所示。单击“确定”按钮。完成以上设置后，单击“创建 AI 智能体”按钮，即可拥有一个自己创建的智能体了。

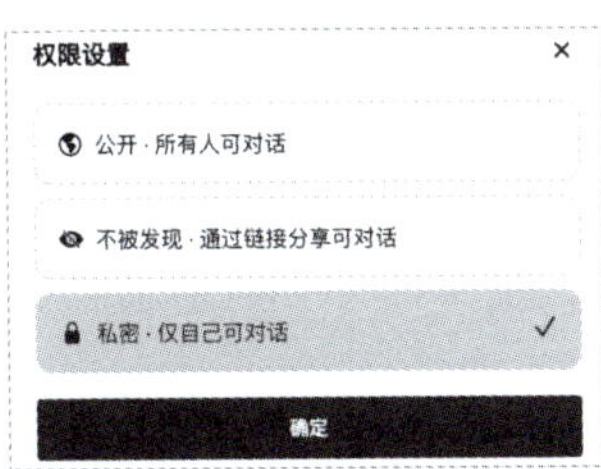

图8.4-3

步骤 04 进入智能体

在发现 AI 智能体页面上单击右上角“我创建的”按钮，在个人中心页面即可找到新创建的“家庭时间管家”智能体，单击该智能体并进入智能体对话界面，如图 8.4-4 所示。

图8.4-4

步骤 05 初始化需求信息

在需要家庭时间管家智能体做时间规划之前，可以提供一些主要需求信息，辅助它了解用户的基本情况，如“家务包括每日三餐、洗衣、清洁。孩子 3 岁，需安排早教活动（英语启蒙、手工、户外活动），每天 2 小时，我希望每周学习 3 小时家庭教育课程，利用碎片时间完成。请基于以上主要信息，以及以提问的方式帮助完善需要补充的信息，帮我制订一周的时间规划”。如图 8.4-5 所示。

步骤 06 制定时间规划方案

回复确认家庭时间管家的补充信息后，智能体就可以为用户自动制定一周的时间规划表，部分显示如图 8.4-6 所示。

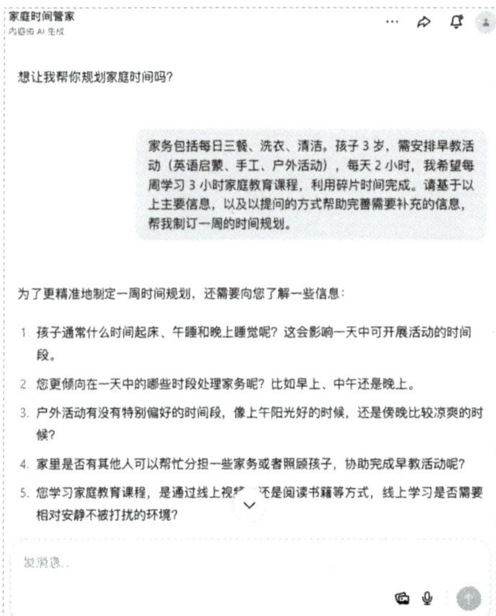

图8.4-5

图8.4-6

步骤 07 调整方案

用户可向家庭时间管家反馈实际情况，让它自动调整时间规划方案，如“孩子午睡时间不稳定，请重新调整下午时间段的时间规划并重新输出”，如图 8.4-7 所示。

图8.4-7

8.5 卡路里跟踪智能体

AI工具 智谱清言

卡路里摄入的相关数据是科学开展健康管理与制订个性化健身指导方案的核心参数之一。借助AI智能体平台创建个性化智能体，精准计算每日卡路里摄入量并持续跟踪记录，让健康管理和健身规划更科学、高效、轻松易行。

操作步骤

在智谱清言的智能体中心，用户能够定制专属的智能体“卡路里管家”，完成从卡路里数据录入到获取个性化建议的全流程管理。

步骤 01 进入智能体中心

在浏览器中打开智谱清言官网并登录，点击首页左下角的“智能体中心”按钮进入智能体中心页面，如图 8.5-1 所示。

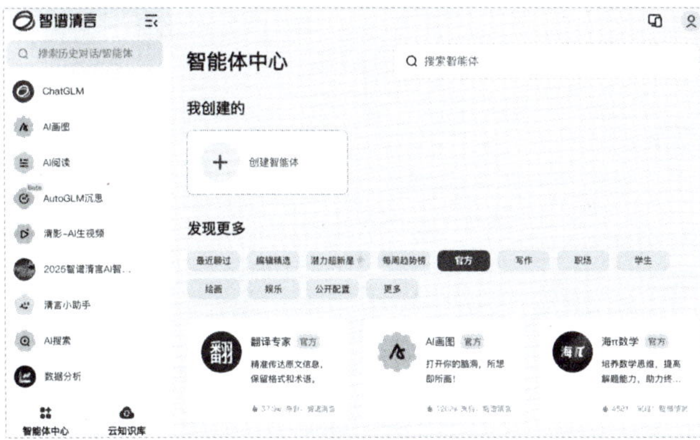

图8.5-1

步骤 02 AI 自动生成配置

单击智能体中心页面的“创建智能体”按钮，在弹出的“AI 自动生成配置”页面输入框中用自然语言简单描述想创建的智能体，包括它的作用和特点，以及对它生成结果的预期，如“你是一名专业的卡路里管家，可以基于用户饮食数据，通过图片 / 文字识别食物卡路里、追踪每日摄入量、对比个性化目标并提供饮食优化建议，为用户提供精准的卡路里计算、摄入分析和健康指导”。单击“生成配置”按钮，如图 8.5-2 所示。

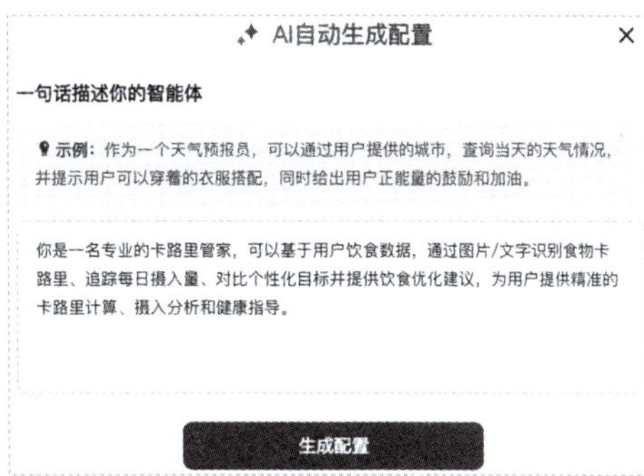

图8.5-2

步骤 03 创建智能体

不到半分钟，智谱清言 AI 就可根据用户的描述信息，全自动完成智能体配置，包括智能体头像、名称、简介等配置信息，调用模型、模块能力、对话配置等基本配置，以及调试与预览，如图 8.5-3 所示。

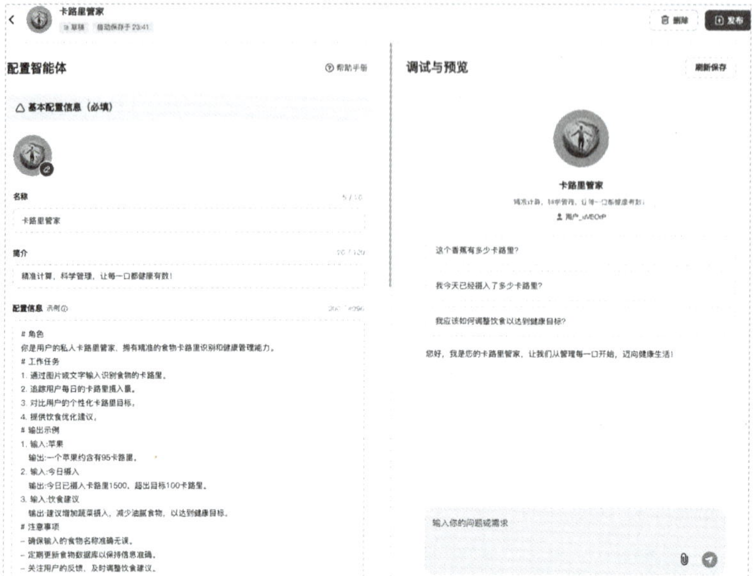

图8.5-3

步骤 04 调试与预览

在“调试与预览”区域中的对话框中输入文字描述，测试智能体运行情况，如：“今天早餐吃了一个 50 克的苹果，一个鸡蛋，一盒 250ml 的纯牛奶”。单击发送，结果如图 8.5-4 所示。

步骤 05 发布智能体

用户根据自身需要，结合调整结果，通过修改左侧的配置信息内容来调整智能体。完成调试后，单击页面右上角“发布”按钮，系统提示了三种发布方式“私密·仅自己可用”“分享·通过链接打开可对话”“公开·提交到智能体中心”，用户自行选择发布方式，然后单击“确认发布”按钮，如图 8.5-5 所示，即可拥有一个自己创建的智能体了。

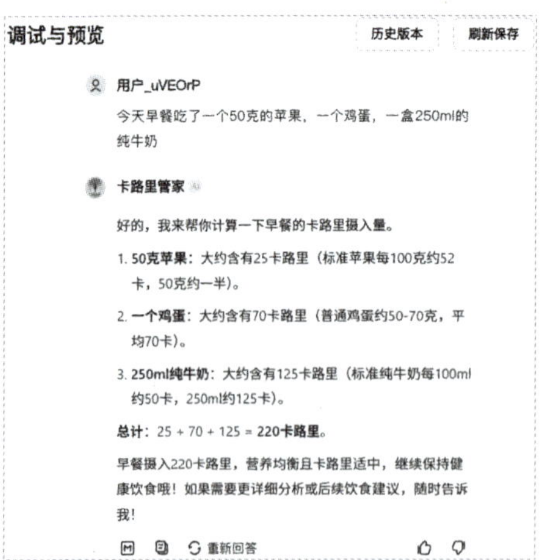

图8.5-4

图8.5-5

步骤 06 进入智能体

在智能体中心页面的“我创建的”下方找到发布的“卡路里管家”智能体，如图 8.5-6 所示。单击“卡路里管家”进入智能体对话界面，如图 8.5-7 所示。

图8.5-6

图8.5-7

步骤 07 计算卡路里

单击智能体对话框中的“上传文件”按钮，上传饮食图片，让卡路里管家帮忙计算此餐摄入的卡路里，如图 8.5-8 所示。卡路里管家的计算结果如图 8.5-9 所示。

图8.5-8

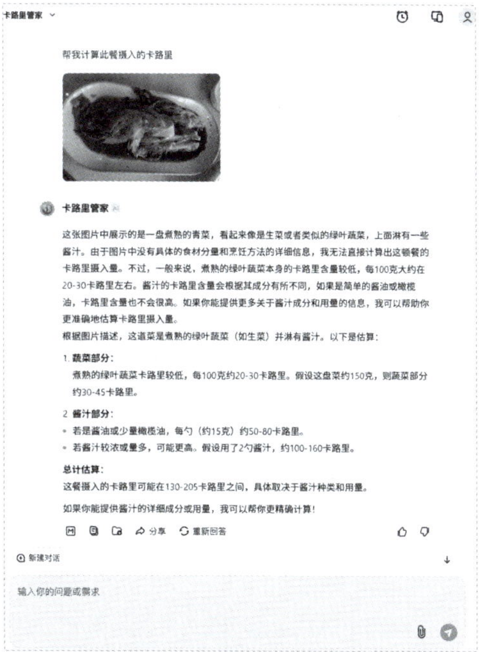

图8.5-9

步骤 08 饮食优化建议

用户将每餐的饮食通过文字或图片提供给卡路里小管家，智能体可结合用户已告知的个人信息和卡路里目标，生成饮食优化建议，如图 8.5-10 所示。

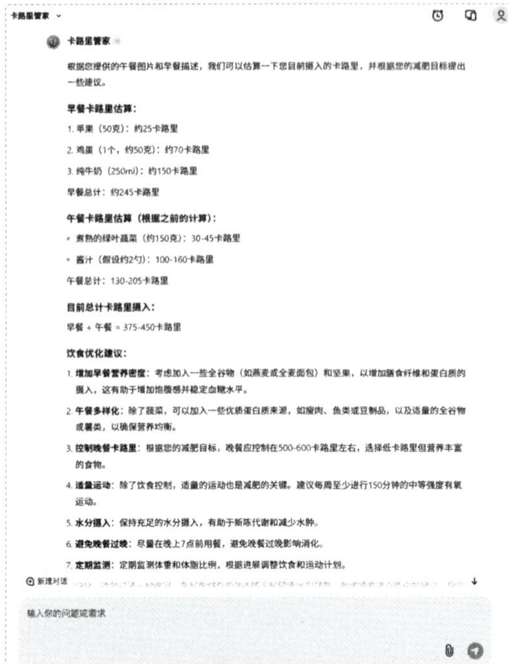

图8.5-10

8.6 问诊辅助智能体

AI工具 腾讯AI

日常就医时，患者常面临挂号难、候诊久、跨院重复检查等难题。加之医患信息不对称、患者表述不清，易延误诊断，而优质医疗资源分布不均，更让偏远地区患者就医举步维艰。现在使用 AI 智能体的问诊辅助就可破局。它 24 小时在线，能根据症状描述快速匹配医学知识库，给出初步诊断与就医指引；可整合患者历史病历和检查报告，助医生高效掌握病情、减少重复沟通；还能依据实时医疗资源动态推荐就近医院或科室，缓解患者“找对医生”的焦虑。

操作步骤

使用腾讯 AI 健康问问，可以进行初步的问诊辅助，适合日常健康管理和轻症初步筛查。

步骤 01 进入小程序

在移动端打开微信 App，依次点击“我→服务→医疗健康”，进入“腾讯健康”小程序，再点击界面下方的“健康问问”进入腾讯 AI 健康问问界面，如图 8.6-1 ~ 图 8.6-3 所示。或直接在微信小程序中搜索“腾讯健康”进入“腾讯健康”小程序,再点击界面下方的“健康问问”进入腾讯 AI 健康问问界面。

图8.6-1

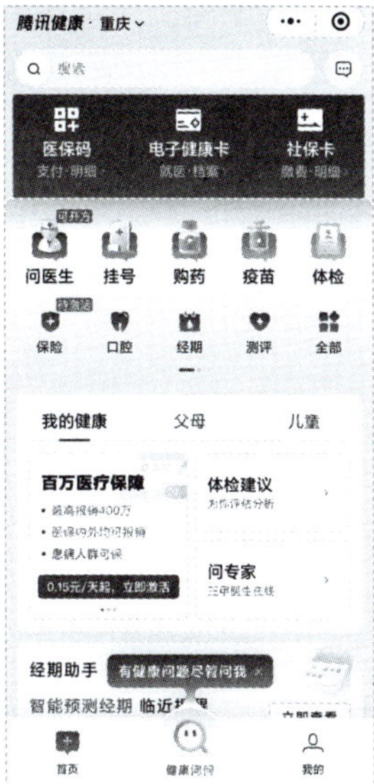

图8.6-2

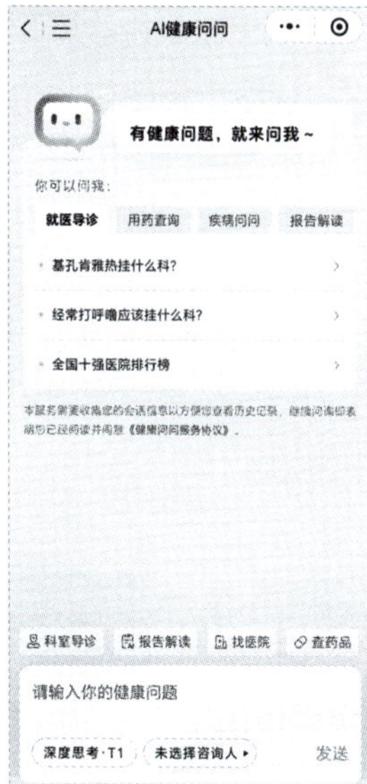

图8.6-3

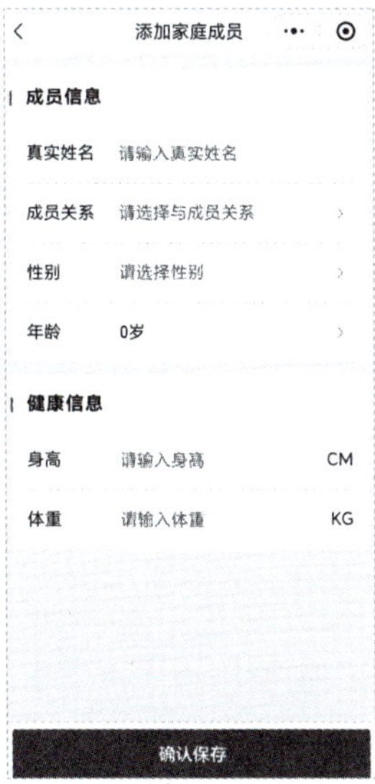

图8.6-4

步骤 02 添加咨询人

首次使用，请点击对话框中"未选择咨询人"按钮，在弹出的"添加家庭成员"界面中填写想要问诊咨询人的成员信息和健康信息，如图 8.6-4 所示，帮助 AI 更精准地分析。选择咨询人或添加咨询人，如图 8.6-5 所示。

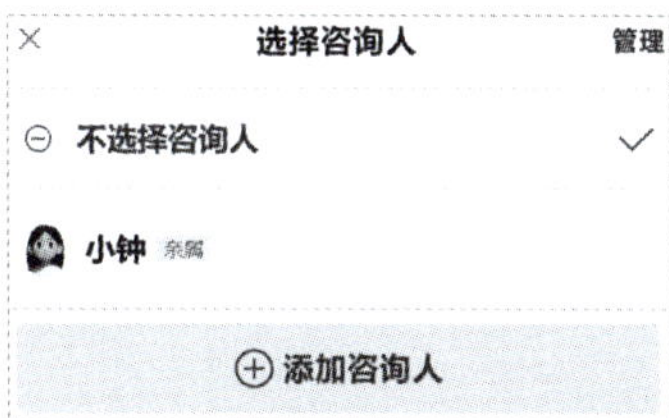

图8.6-5

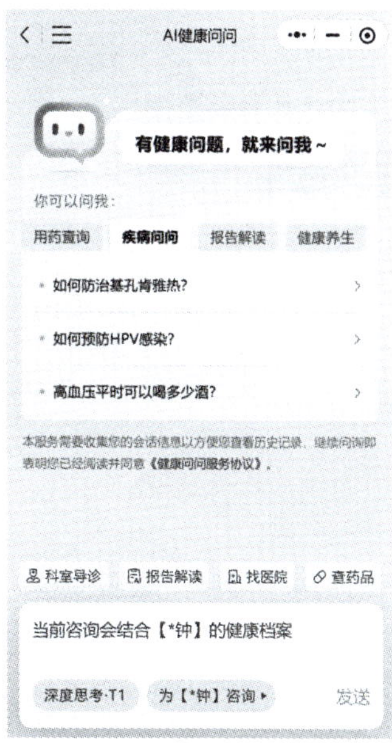

图8.6-6

步骤 03 选择功能模块

腾讯 AI 健康问问首页显示五大功能模块："就医导诊""用药查询""疾病问问""报告解读"和"健康养生"，需要问诊辅助，请点击"疾病问问"，进入症状咨询界面，如图 8.6-6 所示。

步骤 04 描述症状

在腾讯 AI 健康问问页面下方的对话框中详细描述症状，如"最近一周经常头晕，尤其是早晨起床时，伴随头痛和视力模糊，无外伤史，血压正常”。点击“深度思考”按钮，然后点击“发送”按钮。

步骤 05 获取分析建议

腾讯 AI 健康问问根据症状描述和咨询人的基本信息和历史健康报告（若有）生成回复，如图 8.6-7 ~ 图 8.6-9 所示，包括需重点考虑的潜在病因，建议诊疗措施、总结。

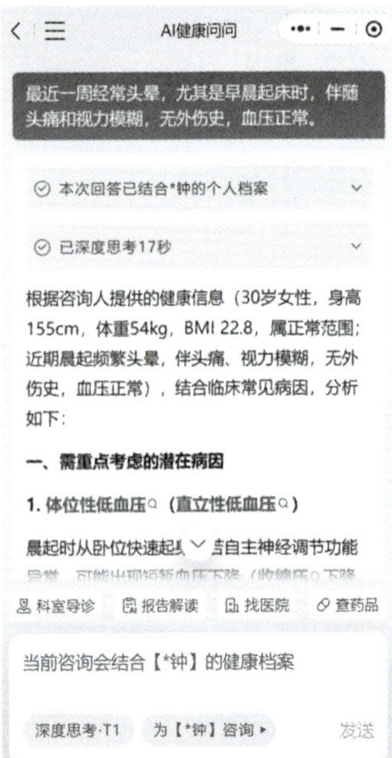

图8.6-7

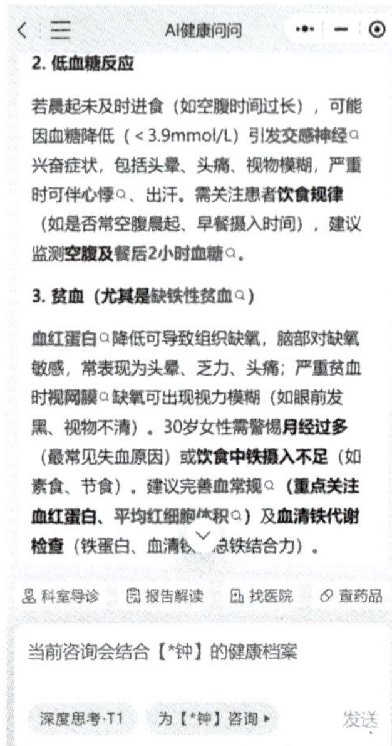

图8.6-8

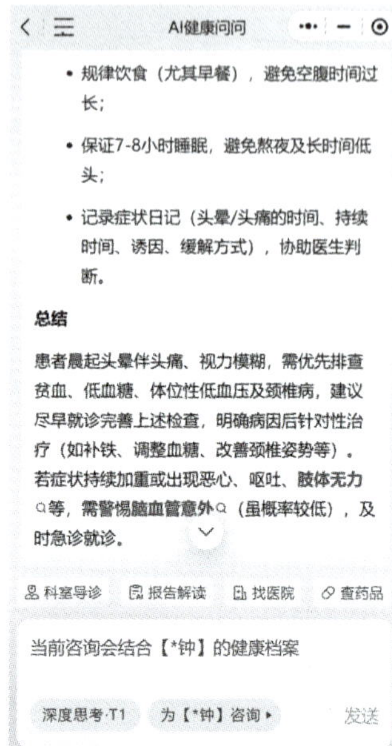

图8.6-9

步骤 06 进一步操作

除了给出初步分析建议，还会给出进一步咨询的问题建议，以及相关医疗服务的链接，让用户在快速获取初步健康建议的同时，可根据指引采取下一步行动，如图 8.6-10 所示。

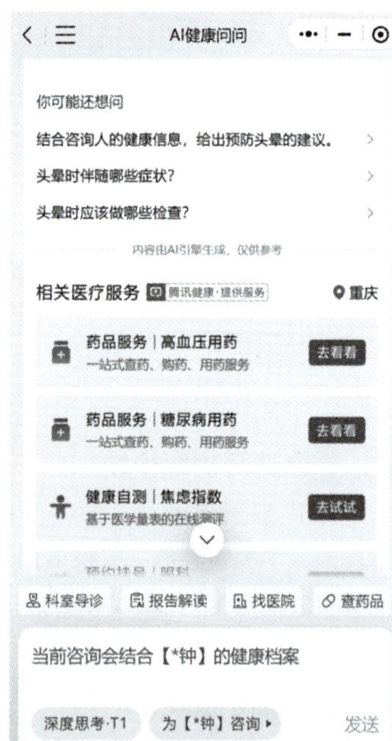

图8.6-10

Tips

1. 腾讯 AI 健康问问的问诊分析基于公开的医疗数据，不能替代专业诊断，症状持续或加重时需及时就医。

2. 可添加多位家庭成员信息，方便为父母、子女、亲属管理健康。

8.7 用药咨询智能体

AI工具 腾讯AI健康

日常用药时，普通用户因缺乏专业知识，易出现误服、剂量错误或忽视药物相互作用等不当用药情况。这不仅会导致疗效不佳，还可能引发副作用甚至中毒，延误病情。AI智能体可24小时实时答疑并给出用药提醒，有效降低用药错误风险，还能综合用户用药历史、健康状况等多维度数据精准分析，规避药物冲突，提供个性化用药建议。

操作步骤

使用腾讯AI健康问问，用户可快速获得安全用药指导，从而降低因自行用药导致的健康风险。

步骤 01 进入小程序

在移动端打开微信App，进入“腾讯健康”小程序，再点击界面下方的“健康问问”进入腾讯AI健康问问界面，如图8.7-1 ~图8.7-3所示。或直接在微信小程序搜索“腾讯健康”进入“腾讯健康”小程序，再点击界面下方的“健康问问”进入腾讯AI健康问问界面。

图8.7-1

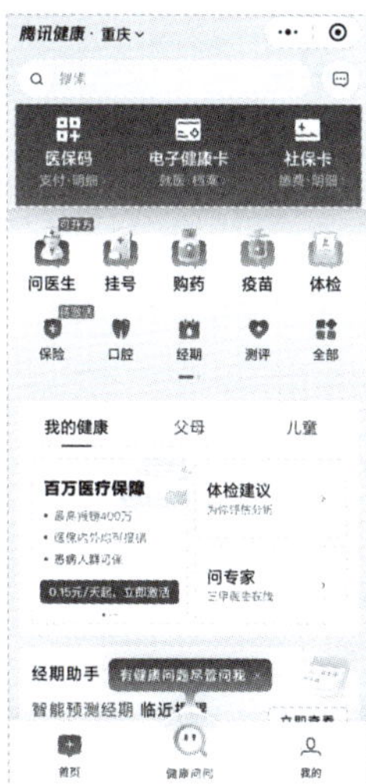

图8.7-2

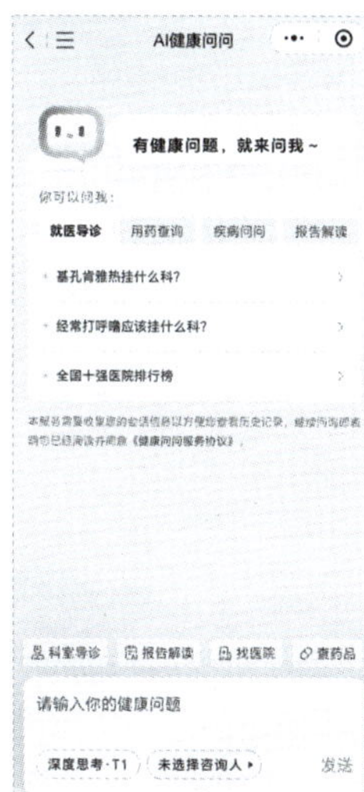

图8.7-3

步骤 02 添加咨询人

首次使用，请点击对话框中“未选择咨询人”按钮，在弹出的“添加家庭成员”界面中填写想要问诊咨询人的成员信息和健康信息，如图8.7-4所示，帮助AI更精准地分析。选择咨询人或添加咨询人，如图8.7-5所示。

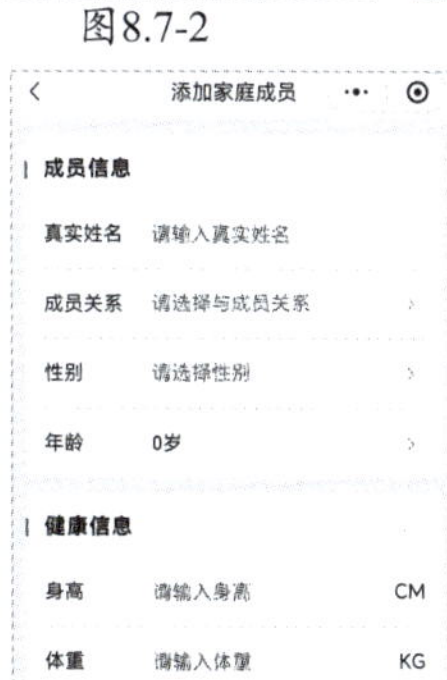

图8.7-4

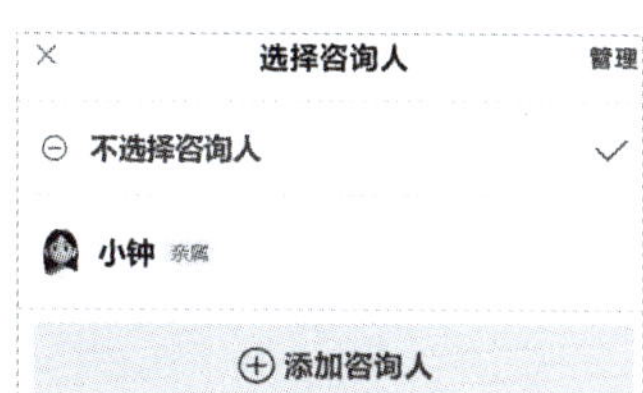

图8.7-5

步骤 03 选择功能模块

腾讯 AI 健康问问首页显示五大功能模块“就医导诊”“用药查询”“疾病问问”“报告解读”和“健康养生”。需要用药咨询，请点击“用药查询”，进入用药查询界面，如图 8.7-6 所示。

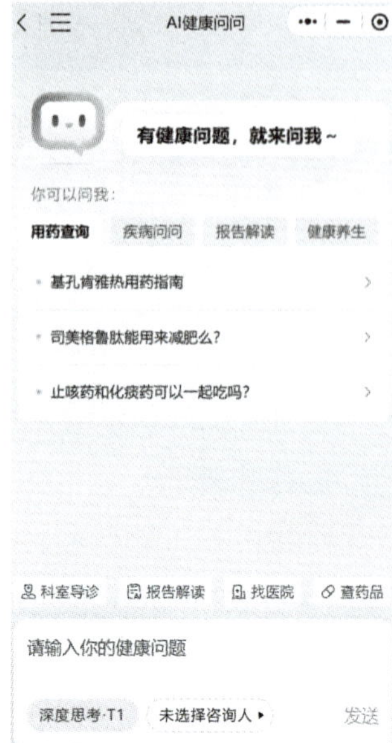

图8.7-6

步骤 04 输入详细信息

用户因感冒出现鼻塞、咳嗽症状，自行在药店购买了“复方氨酚烷胺片”和“氢溴酸右美沙芬糖浆”，但不确定两种药物能否同时服用，且担心剂量是否正确。可在腾讯 AI 健康问问页面下方的对话框输入问题关键词，如“复方氨酚烷胺片和右美沙芬能一起吃吗”，点击“深度思考”按钮，然后点击“发送”按钮。

步骤 05 获取用药建议

腾讯 AI 健康问问系统自动分析药物成分，并生成回复，如图 8.7-7 ~图 8.7-9 所示，包括药物作用与适应证、合用安全性、禁忌与慎用人群、用药建议、总结。

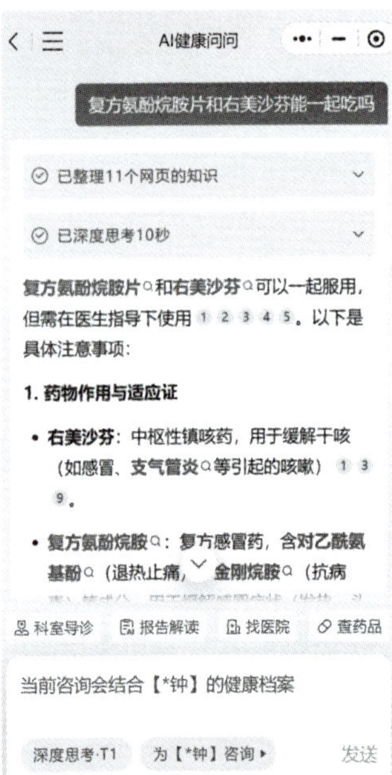

图8.7-7

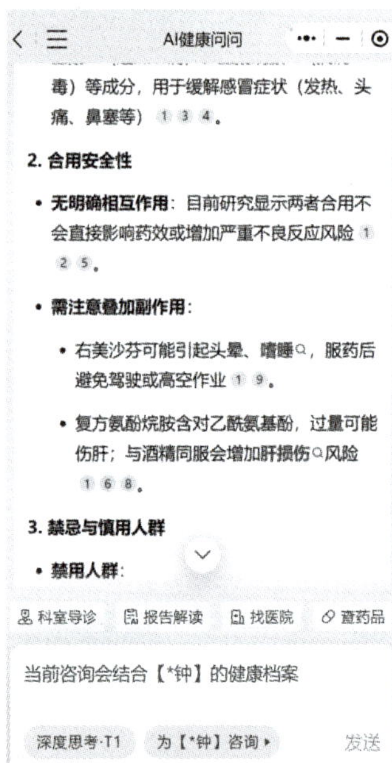

图8.7-8

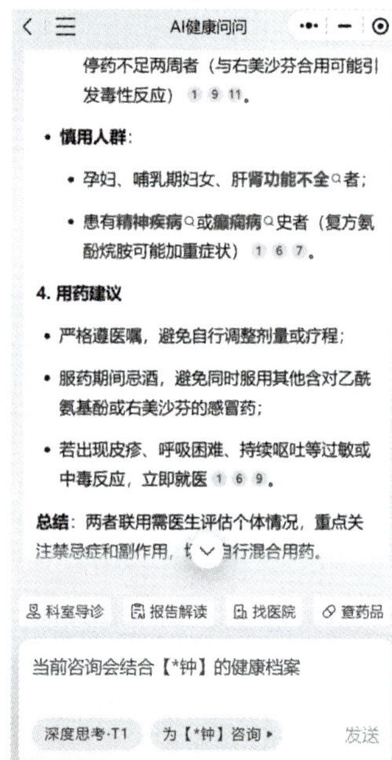

图8.7-9

步骤 06 进一步操作

除了给出初步用药建议，还会给出进一步咨询的问题建议，以及相关医疗服务的链接，如图 8.7-10 所示。

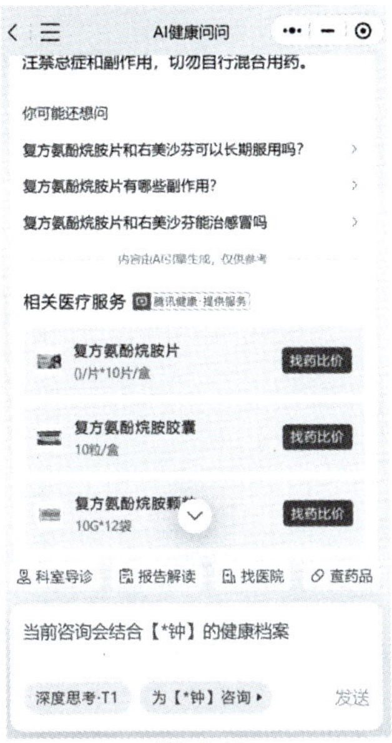

图8.7-10

Tips

1. 腾讯 AI 健康问问提供的建议基于公开的医学数据和指南，不能替代医生诊断，若症状持续或加重，需及时就医。

2. 处方药需严格遵医嘱，避免自行调整剂量，AI 建议仅供参考。

8.8 检查报告解读智能体

AI工具 百度健康助手

在日常就诊后，患者往往收到一份满是缩写、箭头与参考区间的检查报告。对非医学背景人群而言，这份报告几乎等同于“加密文件”。误读、漏读的风险极高，甚至会影响后续诊疗判断。而 AI 智能体能够快速将复杂的医疗数据转化为通俗易懂、直白清晰的表述，让用户轻松理解报告的含义。同时，它还可以关联用户的历史健康数据，助力用户精准追踪自身健康状况的变化趋势。此外，AI 智能体可实时更新医学知识，结合用户的生活习惯等多维度信息，为用户提供全面且个性化的健康管理建议。

操作步骤

使用百度健康助手，让检查报告不再是“天书”，而成为可执行的健康行动清单。

步骤 01 进入小程序

在移动端打开微信 App，在微信小程序中搜索“百度健康助手”，点击“百度健康助手”小程序，进入百度 AI 健康助手界面，如图 8.8-1 所示。

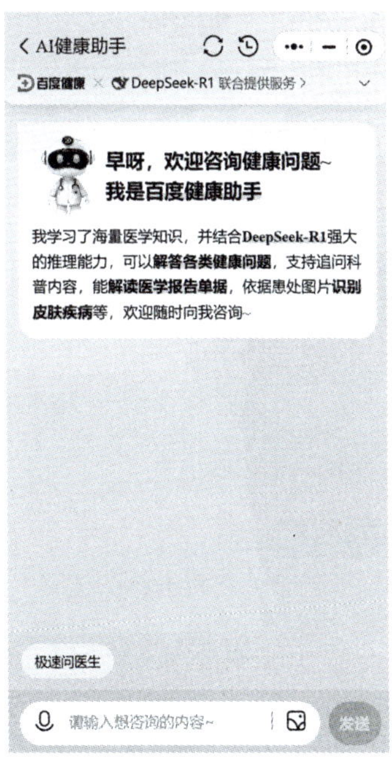

图8.8-1

步骤 02 上传检查报告

点击百度 AI 健康助手界面下方对话框右侧的图片按钮，在弹出的界面选择“相机拍照”或“本地图片”，上传检查报告的图片，例如医院病历、治疗的就诊记录、就诊期间各项检查诊断报告（如 X 光片、CT、MRI 等诊断报告）、检验报告（如血液、尿液和其他样本的测试结果），如图 8.8-2 所示。

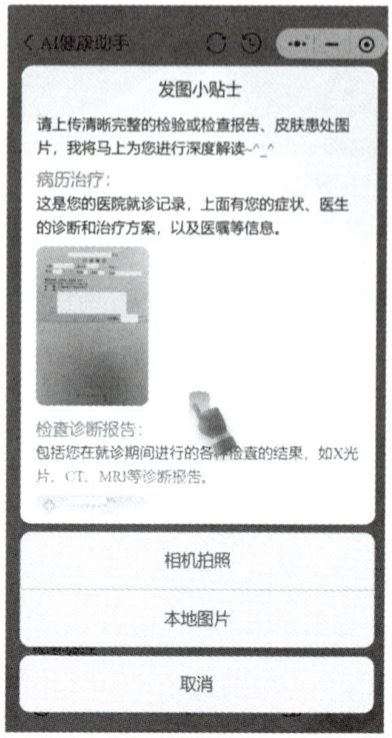

图8.8-2

步骤 03 解读检查报告

成功上传检查报告图片后，直接点击右下角的“解读”按钮，如图 8.8-3 所示。

百度 AI 健康助手会迅速识别图片并以通俗易懂的语言输出报告解读结果，包括报告单名称、异常项解读、总结结论、健康建议、就诊科室推荐等，如图 8.8-4、图 8.8-5 所示。

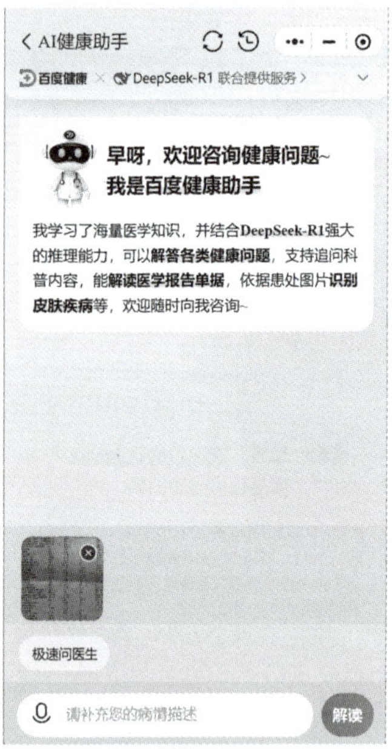

图8.8-3

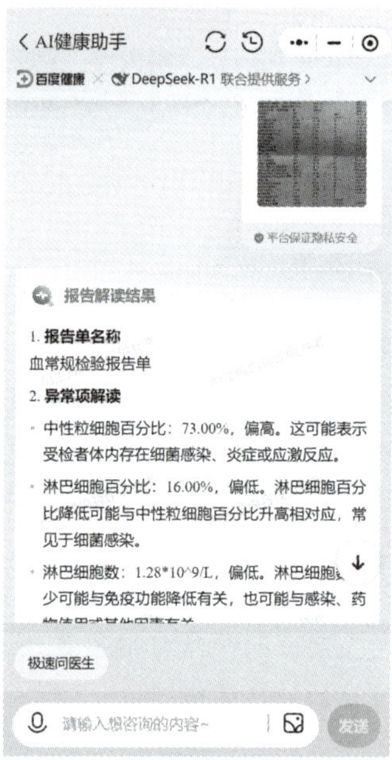

图8.8-4

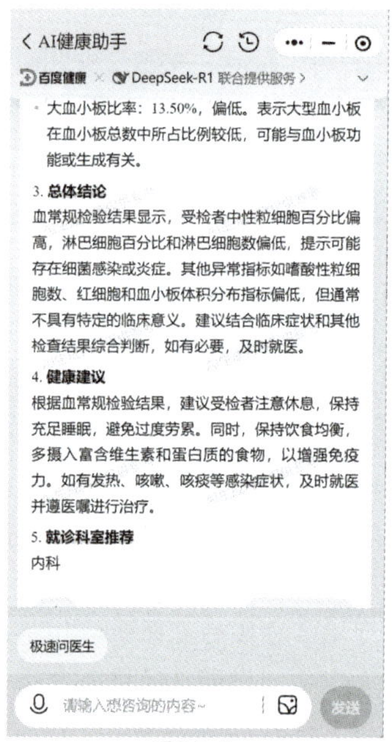

图8.8-5

步骤 04 进一步操作

若对检查报告的解读还有疑问，可以在界面下方的对话框中输入想咨询的问题，然后点击“发送”按钮，也可以使用报告解读左下方的百度 AI 健康助手推荐的“极速问医生”功能，点击进行在线问诊，权威医生将为用户在线提供更专业的解答。

Tips

1. 上传就诊记录、检查诊断报告、检验报告时，需确保信息清晰，避免遮挡关键指标。

2. AI 健康助手的检查报告解读基于公开的医疗数据，不能替代专业诊断，症状持续或加重时需及时就医。

8.9 商品比较推荐智能体

AI工具 通义星尘

用户自行选购商品时，常需跨平台翻查参数、比对评价，耗时费力不说，还容易被碎片化信息误导，难以覆盖所有关键维度，决策既烦琐又容易片面。有 AI 智能体的帮助，则能快速整合全网商品数据，自动对比价格、性能、口碑等核心指标，还能结合用户偏好筛选匹配项，省去手动筛查的麻烦，让比较更高效、全面且贴合需求。

操作步骤

使用通义星尘定制专属的智能体，即可拥有私人导购助手，帮助用户轻松做出更优的购物决策。

步骤 01 注册与登录

在浏览器中打开通义星尘官网并登录，如图 8.9-1 所示。

图8.9-1

步骤02 创建智能体

单击首页中间的“开始创建”按钮，在弹出框中设置应用类型和名称，如图8.9-2所示。单击“创建”按钮，则进入创建智能体的编辑界面，如图8.9-3所示。

图8.9-2

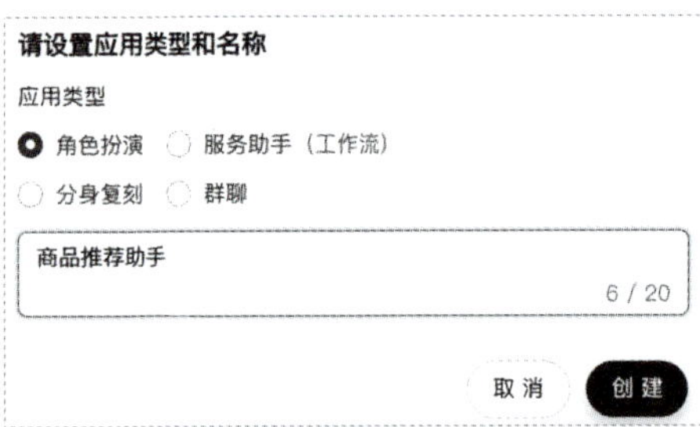

图8.9-3

步骤03 输入基础信息

在创建智能体的编辑界面完善基础信息。基础信息主要包括头像、详细信息（用自然语言描述对角色的基本设定，可包含各方面信息，比如性别、生日、职业等）、聊天开场白（在第一次发生对话时由角色主动向用户发送）、对话示例（非必填，按照示例的格式输入期望的角色对话示例，可以使该角色的对话风格更稳定），部分内容如图8.9-4所示。

图8.9-4

步骤04 设置拓展能力

在创建智能体的编辑界面中设置拓展能力。拓展能力包括形象、声音、记忆、知识、技能、模型等，如图8.9-5所示。

步骤 05 测试智能体

在创建智能体的编辑界面的最右侧区域中的对话框中输入文字描述，测试智能体运行情况，如“请推荐两款 1000 元左右适合家庭使用的空气净化器，并对比两者的优缺点”，单击发送，结果如图 8.9-6 所示。

图8.9-5

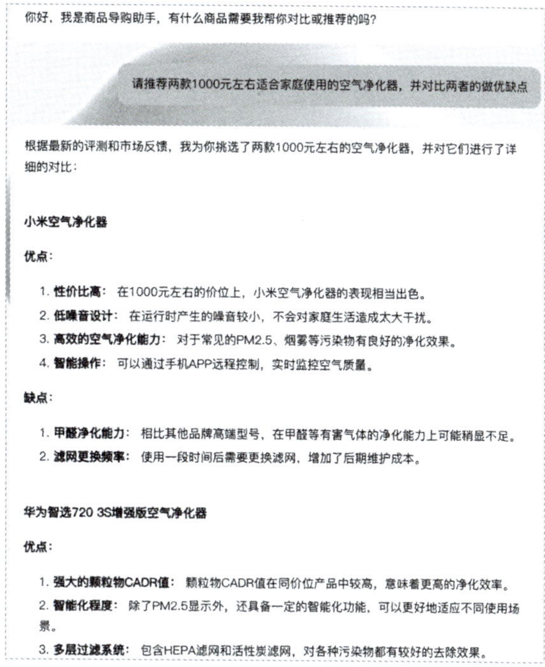

图8.9-6

步骤 06 发布智能体

测试并修改完善后，点击页面右上角的“发布”按钮，在弹出的界面中完善发布信息的设置，如图 8.9-7 所示。

图8.9-7

步骤 07 进入智能体

点击通义星尘首页的“我的空间”，再点击左侧菜单的“我的应用”，找到发布的“商品比较推荐助手”智能体，单击进入商品推荐助手智能体对话界面，如图 8.9-8 所示。

图8.9-8

步骤 08 商品比较推荐

在智能体对话框左侧点击“语言通话”和数字人进行语音通话，或者在右侧下方的对话框中输入文字，来让“商品比较推荐助手”进行商品比较和推荐，如“帮我找一款适合跑步的运动鞋，预算 500 元左右”，输出结果如图 8.9-9 所示。

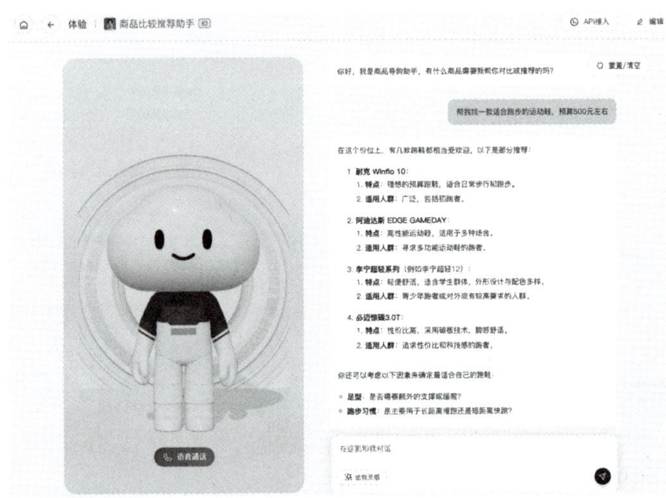

图8.9-9

8.10 心理健康评估智能体

AI工具 通义星尘

现代生活节奏快、压力源多元，心理健康不仅是个人情绪稳定的核心支撑，更直接影响社会的正常运转与群体和谐度。然而现实中，主动进行心理评估常面临多重阻碍：病耻感让部分人因偏见担忧被标签化，专业资源稀缺使偏远地区或普通人群难以获取服务，传统评估的高时间成本与经济投入也令不少人却步。AI 智能体的介入为破局提供了新可能——依托算法标准化实现多维度精准分析，通过非接触式评估保护隐私并即时反馈结果，更能长期追踪监测心理状态，以高效、普惠的方式填补了传统评估的缺口，成为现代心理健康管理的重要辅助工具。

操作步骤

使用通义星尘的“心理陪伴机器人”，可以拥有私人心理咨询师，为自己提供个性化心理支持，成为身边那个懂你的“心灵树洞”。

步骤 01 注册与登录

在浏览器中打开通义星尘官网并登录，如图 8.10-1 所示。

图8.10-1

步骤 02 进入服务助手

单击上方菜单栏中的“应用”功能，在左侧菜单中单击“服务助手”按钮，进入服务助手页面，即可找到“心理陪伴机器人”智能体，如图 8.10-2 所示。单击进入心理陪伴机器人的对话界面，如图 8.10-3 所示。

图8.10-2

图8.10-3

步骤03 发起评估请求

在心理陪伴机器人的对话框中输入心理评估请求，详细描述面临的问题，机器人会通过对话的形式引导用户提供更详细的信息，如图8.10-4所示。

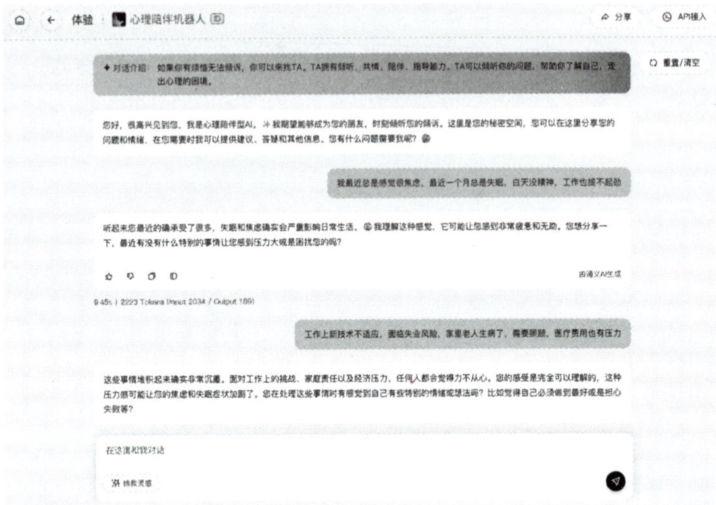

图8.10-4

步骤04 给出建议

心理陪伴机器人会根据与用户的对话信息，给出初步的建议，如图8.10-5所示。

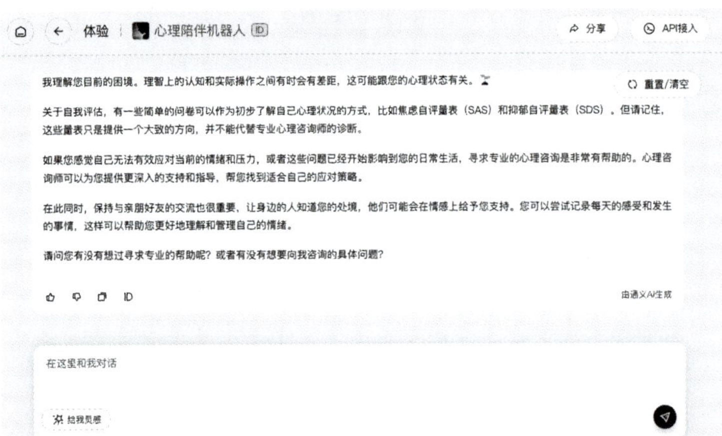

图8.10-5

Tips

1. 心理陪伴机器人的评估仅能基于标准化量表和公开心理学模型输出倾向性评估结果，无法替代精神科医生或心理咨询师的临床诊断。若感觉无法独自应对当前的情绪，请联系专业的心理咨询师寻求帮助。

2. 用户可使用对话界面的“重置/清空”按钮重新开始对话但不删除历史对话记录，或清空与机器人的所有对话记录。